"十三五"普通高等教育本科部委级规划教材

服装款式图设计表达

CLOTHING STYLE DIAGRAM DESIGN EXPRESSION

李楠　管严 ｜ 著

中国纺织出版社有限公司　国家一级出版社　全国百佳图书出版单位

内 容 提 要

本书为"十三五"普通高等教育本科部委级规划教材。

本书从服装行业实际应用出发，以循序渐进的方式讲解了服装款式的设计方法以及相关的表现手法，内容涵盖款式的设计美学、绘画方法、款式构成、面料表现、工艺技术等方面，其目的是帮助服装专业人员和对款式图有兴趣的读者理解服装的款式构成，拓展设计思维，掌握更深层次的服装表现要领，从而加强款式图的表现力、提高服装设计的水平。书中款式图范例丰富，既注重覆盖全面的服装类别，又重视基本的形式法则和设计规律，为设计师学习和借鉴服装款式图提供了基础参考。

本书既是服装设计专业实用性教材，可以作为各类服装专业院校、服装职业培训班的参考书，也可作为服装专业人员绘图练习及实践的技术工具书。

图书在版编目（CIP）数据

服装款式图设计表达／李楠，管严著 . -- 北京：中国纺织出版社有限公司，2020.1（2024.8 重印）

"十三五"普通高等教育本科部委级规划教材

ISBN 978-7-5180-6417-5

Ⅰ．①服… Ⅱ．①李… ②管… Ⅲ．①服装设计—效果图—高等学校—教材 Ⅳ．① TS941.26

中国版本图书馆 CIP 数据核字（2019）第 150749 号

策划编辑：魏 萌 责任编辑：杨 勇
责任印制：王艳丽 责任校对：寇晨晨

中国纺织出版社有限公司出版发行
地址：北京市朝阳区百子湾东里 A407 号楼 邮政编码：100124
销售电话：010 — 67004422 传真：010 — 87155801
http：//www.c-textilep.com
中国纺织出版社天猫旗舰店
官方微博 http：//weibo.com/2119887771
北京通天印刷有限责任公司印刷 各地新华书店经销
2020 年 1 月第 1 版 2024 年 8 月第 3 次印刷
开本：889×1194 1/16 印张：12
字数：148 千字 定价：49.80 元

服装学在中国已经发展成富有生命力的综合学科，高校和专业机构的款式图教学和研究也已具有相当规模。具有工具性指导意义的服装款式图，为整个服装行业提供了一个通用的、可视化的交流方法：它在设计研发中对服装效果图进行细化和补充，使之符合技术要求；在生产加工中作为板师和缝纫工的看图依据，用于指导生产与制作；在包装、销售、展示方面起着样图、规范指导的作用；在流行趋势和缝制中成为最常用、最有效的设计表达方式。

信息化浪潮和"双一流"学科建设的相互激荡使高等教育进入了新的语境，本书立足于激发兴趣、启发思维、扩大知识面的重要功能，在传统款式图教材的框架基础上，发展出适应新媒体时代服装人才培养与教学改革的新构架：

强调设计表达，而非炫技。过去仅依靠锻炼技能来提升款式图绘制，它的技术发展是约定俗成的，如设计思维会被排除在外。它的教学方法也存在一定的局限性，如侧重对技巧的强调，而对构思向设计的转化训练有所忽略。编者认为，对于款式图的绘制应该围绕解决设计应用问题为核心，突破以往只教授绘图方法的做法，站在设计的立场上突出表达能力，而不仅是绘图能力。本书名正是基于上述考虑。

本书跨越了以往的服装款式图教材以成衣为主的界限，将服装类别和适应范围深化并扩展，如行业制服的款式图、戏剧舞台服装的款式图、影视剧服装的款式图、民族服装的款式图还有街拍潮服的款式图，它们的设计美学和绘图方法皆不相同，需分门别类进行解读。我们的任务是进一步建设贴近符合时代潮流、自成体系的款式图设计方法论。

本着注重理论建构和解决实践相结合的用意，上述的编写特色在同类教材中比较少有，是为创新之处。

教材分为五章内容，第一章绪论，主要介绍服装款式图的基本概念、设计原则、表现方法以及实际应用。第二章款式设计的基础表达，讲解了款式图的廓型设计表达、结构设计表达、细节设计表达和风格设计表达。第三章成衣款式图设计表达，介绍了女装款式图设计表达、男装款式图设计表达、童装款式图设计表达和特定品类服装款式图设计表达。第四章专题款式图设计表达，介绍了戏剧舞台服装款式图、影视剧服装款式图、民族服装款式图和街拍潮流时装款式图的设计表达。第五章手绘款式图，讲解了手绘款式图的常用工具、虚拟人台的制图方法、文化式原型的制图方法以及制图的程序。每章内容精心设计了课后题，既能提示本节要点，又启发思考。附录展示了服装款式细节手绘训练。

李楠多年来从事高校一线设计教学工作，负责本书的统稿、内容编写和第一章、第四章、第五章的绘图统筹工作，管严是年轻的高校设计教师，负责教材的第二章、第三章的编写工作。限于编写能力所及，书中难免有疏漏和待商榷之处，恳请同业专家指正。

希望本教材的出版能给当今服装专业的学习者提供有益的帮助，以款式图为媒介，为自己的设计表达增加灵感。

著者
2019 年 8 月

教学内容及课时安排

章 / 课时	课程性质 / 课时	节	课程内容
第一章 /4	基础理论 /12	·	绪论
		一	服装款式图的基本概念
		二	服装款式图的设计原则
		三	服装款式图的表现方法
		四	服装款式图的实际应用
第二章 /8		·	款式设计的基础表达
		一	廓型设计表达
		二	结构设计表达
		三	细节设计表达
		四	风格设计表达
第三章 /8	应用实践 /24	·	成衣款式图设计表达
		一	女装款式图设计表达
		二	男装款式图设计表达
		三	童装款式图设计表达
		四	特定品类服装款式图设计表达
第四章 /8		·	专题款式图设计表达
		一	戏剧舞台服装款式图设计表达
		二	影视剧服装款式图设计表达
		三	民族服装款式图设计表达
		四	街拍潮流时装款式图设计表达
第五章 /8		·	手绘款式图
		一	手绘款式图的常用工具
		二	虚拟人台的制图方法
		三	文化式原型的制图方法
		四	制图的程序

注　各院校可根据自身的教学特点和教学计划对课程时效进行调整。

目　录

基础理论

第一章　绪论

课 题 内 容： 服装款式图的基本概念、服装款式图的设计原则、服装款式图的表现方法、服装款式图的实际应用

课 题 时 间： 4课时

教 学 目 的： 通过本章学习，学生应掌握服装款式图的概念、功能、用途；理解实际的服装款式图绘制的具体要求；分析各类风格的服装款式图的基本特点与应用范围。

教 学 方 式： 本章以理论教学与PPT演示为主。教师将课程内容制成PPT文件，以文字讲解结合图像介绍的方式，对本章知识点进行视觉化演示，使学生理解服装款式图的基本概况。

教 学 要 求： 1. 在教学过程中，让学生重点掌握服装款式图的功用和效果。

2. 让学生清晰了解服装款式图要达到的标准。

3. 结合实例重点讲解服装款式图表现手法以及用途。

课前（后）准备： 选择国内外优秀的服装款式图作品图例作为本章内容的案例。

第一节　服装款式图的基本概念

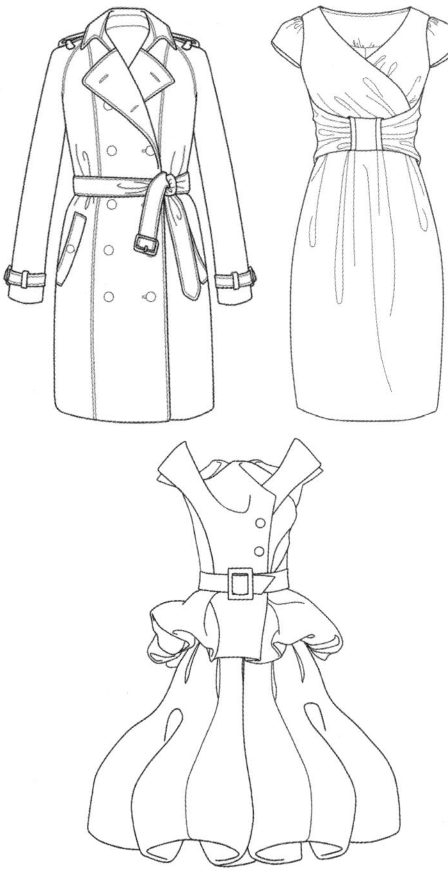

一、服装款式图的定义及特点

服装生产大致由八个单元组成：服装设计，纸样设计，生产准备，裁剪工艺，缝制工艺，熨烫工艺，成衣品质控制，后处理。其中采用到绘图作业的是服装设计和纸样设计两个单元，按照流程会经历四个绘图过程：服装草图、服装效果图、服装款式图、纸样。

服装款式图是一种工具图，为整个服装行业提供了一个通用的、可视化的交流方法：它在设计研发中对服装效果图进行细化和补充，使之符合技术要求；在生产加工中作为版师和缝纫工的看图依据，用于指导生产与制作；在包装、销售、展示方面起着样图、规范指导的作用；在流行趋势和缝制时尚中成为最常用、最有效的设计表达方式。

所谓服装款式图，就是在服装草图、服装效果图之后，通过简练的线条，把服装款式的内部结构和外部轮廓用平面和直观的视图表现出来。在这个意义上讲，服装款式图更体现为一种交流和沟通的工具（图1-1）。

任何设计都需要沟通，设计师不是艺术家，设计想法必须得到别人的理解和认同才有价值。所以服装款式图在服装效果图的基础上，结合实际制作情况，对服装效果图进行细化、补充和完善，使之符合技术要求，并能直接指导生产与制作。概括来说，服装款式图在服装从设计到制作的生产过程中，将设计者意图转化为生产人员能看懂的重要图纸，使设计师的方案精确化、技术化，然后再根据服装款式图制作服装。服装款式图的显著特点是表达服装的平面结构特征，如服装的外廓造型、省道结构、褶裥处理、零部件位置等。

服装款式图不以人为载体，只画衣服不画人；只画服装的平展状态，不画服装的立体透视效果；只用最平面的方式表达服装款式，不掺入运动变化后的姿态。它就好像设计工程中的"结构图"，用测绘的形式清晰表现服装的造型、各部位比例、内部结构特点及设计细节。

服装款式图的绘制不像服装效果图那样技法多种多样，它只有最基本的点、线、图形元素，但同样具有艺术上的美感（图1-2）。优秀的服装款式图应体现出一种机械、整齐、对称、有序的形式语言，并能产生和谐、平衡、节奏、韵律之美。服装款式图要求画面线条清晰，比例准确，整体与局部、局部与局部的各种比例关系交代清楚，丝毫不差，准确无误。

图 1-1　服装款式图-1

（a）优秀的款式图体现对称有序之美　　（b）不准确的款式图缺乏艺术的美感

图 1-2　服装款式图-2

技术含量颇高的款式图，俨然成为制板师打板和样衣工缝制服装的重要导向。在服装行业中由于服装款式图在生产方面传递信息的重要性，服装从业人员均把服装款式图作为基本素质及基本技能之一来看待。

服装款式图虽然产生在服装设计阶段，但它广泛地用于整个生产过程中。在成衣开发时，服装款式图较服装效果图更为重要，它于传达设计理念、深化服装样式、精确传达款式设计方面的作用不可替代（图1-3）。所以绘制服装款式图是整个服装流程中最常用、最有效的沟通渠道。

二、服装款式图的学习目的

服装款式图不仅能深化设计，为服装的生产和制作提供指导，还可以检验和判断服装设计构思和制作工艺是否合理，结构分割是否科学，及时发现设计中不合理的元素，调整服装的比例结构，改善内在的设计细节，从而使服装设计创作思维能够在生产制作中得到最充分的体现（图1-4）。

随着服装产业链各环节的分工不断细化，服装设计外包逐渐成为服装行业主流，同时，服装生产环节上加工厂和代工厂更遍及世界各地，这些环节需要有效的沟通与衔接，这时，服装款式图采用精确图解的方式，帮助克服技术交流的壁垒，减少因理解不同造成的失误，使各环节的人员都能根据服装款式图的通用语言有效提高工作效率，制造出理想的产品。

三、服装款式图的作用及功能

服装款式图是服装设计师意念构思的进一步表达。一个合格的服装款式图必须满足以图代文、与技术人员沟通、按比例缩放、呈现产品细节等要求，绘图中过多的装饰反而会掩盖了服装款式图自身基本的造型特征。因此，服装款式图的实用功能远远大于图形的装饰与表面的美化。

每个设计者设计服装时，构思服装款式的想法可能很丰富，但是最重要的是要将天马行空的想法转化为可行的现实。服装款式图就是对设计意图进行明确清晰、深层次地理解并优化，让服装的款式、结构、比例、细节以及工艺设计一清二楚，以便制板师和工艺师能够准确地解读并执行。不夸张地说，服装款式图是对服装设计构思的二次创作。

在制板与工艺环节，服装款式图的功能作用已超过了服装效果图。在实际生产过程中，批量服装的生产流程很复杂，服装工序也很繁杂，每一道工序的生产人员都必须根据所提供的

图1-3 服装款式图-3

图1-4 服装款式图-4

（a）比例合理

（b）比例失调

图 1-5　服装款式图 -5

图 1-6　服装款式图 -6

款式图要求进行操作，不能有丝毫改变，否则就会影响到生产的顺利进行。这就要求绘制时图形对称、比例合理，清楚表现服装结构、廓型和细节，以避免在样衣与成衣的生产中产生错误（图 1-5）。

由此得知，服装款式图在设计与制板的中间承接着重要的上传下达的作用，它是连接设计与结构工艺的技术桥梁，让服装效果图的线条转化为裁剪线与分割线，能与生产无缝对接，实现构思到产品的现实转换。

第二节　服装款式图的设计原则

服装款式图是承接设计与制板的一个重要中间环节，并成为连接设计与加工的纽带。服装款式图与服装效果图不同，它的主要特点不是为渲染着装气氛和着装效果，而是以人体结构为依据，结合服装结构裁剪的原理，准确刻画出服装的廓型、破缝与工艺。绘图要求精确、规范。具体绘制时需要把握三个原则：

一、服装与人体的关系

绘制服装款式图，掌握服装与人体的关系是必要前提（图1-6）。服装款式图与服装效果图在比例的准确性方面表现得截然不同。服装效果图里的人体被夸张、被美化，所以服装比例可夸张变形。如果按照服装效果图直接制板，板型师很难把握设计构想的比例和细节，必定造成服装比例失衡的错误。由此可见，服装的比例与人体关系十分密切，可以从人体的比例关系中寻找绘图的规律和方法。

基准法是以理想人体头长的比例作图，这主要还是参考现实中的人体比例后尽可能接近真实人体的一种人体模板，通常以 8 个半头为总人体长度。女性模板的特点是肩宽为一个半头长、腰围为一个头长、臀围为一个半头长；男性模板的特点是肩宽为两个半头长、腰围为一个半长，将这些宽度数据连接并作出几何框架，就是基准法的作图依据。使用这种方法进行款式图的绘制，能够形象、清晰地了解服装的长短宽窄比。这种方法得到的人体框架，很像服装人台的形态以及标线用平面的方式呈现出来一样，是一种直观且便于掌握的方法。

基准法用作画服装款式图的辅助工具，准确度较高且方便快捷（图 1-7）。在绘画之前，要对所画的服装款式有详尽的了解，研究和掌握服装与人体的比例关系以及服装各部分之间的比例关系，才可以为下一步的服装打板提供重要数据参考。目前最便于运用的方法是衣长以肩宽作为基准，下装以腰宽作为基准。

在绘制上衣的时候，把握肩宽与衣长之间的比例、领子与肩宽之间的比例、袖长与肩宽之间的比例，总之各个部位都可根据肩宽来确定。一般服装长度的确定相对容易，一等分的肩宽长度至腰线；二等分的肩宽长至裆底，三等分的肩宽长至大腿中部，四等分的肩宽长度至小腿中部，五等分的肩宽长度至全长。在绘制下装的时候，根据腰宽来确定，观察腰宽与裤长的比例关系、腰宽与臀围宽的比例关系。一等分腰宽长度至裆底；两等分的腰宽长度为五分裤长；三等份腰宽长度为九分裤长；3.5 倍的腰宽长度为全裤长。参照人台的标记线，可以找到主要测量点控制的部位与服装整体的比例关系：依据领围标线来判断领口的高低位置，依据胸围标线和公主线标线来设计胸省和肩省；依据腰围标线来确定腰省位置、腰线高低的位置以及下衣袋的位置；依据臀围标线来找出裤装或裙装的口袋位置；根据以上标线还可以确定更多的分割线位置。

掌握了主要部位的大的比例关系，其他内部细节的比例就不会出现太多问题。这样就能准确把握好服装的款式，正确地表达服装的风格与设计师的设计思想，为制板师提供准确的技术指引。

图 1-7　服装款式图 -7

二、款式的分析与归纳

在绘图前必须充分了解服装的款式，分析其制作工艺和材质特征，多观察实物，加强工艺设计的印象，这对一些特殊工艺的表现尤为重要。所以，强化工艺设计的实践认知是绘制服装款式图的必要前提（图 1-8）。

例如，表现衣袖造型时，疏忽袖窿弧线的绘制，会导致装袖设计变成连身袖的结构；肩线与袖窿的分割线没有标注，从领口直接连接袖子，忽略肩线的存在，肩部造型的表现就不准确；袖身的角度不清晰，表现袖肥的两条边线不平行，都会使制板工作产生误差（图 1-9）。

表现下装造型时，常见问题在于裤裆拉链位置表现不准确，无视臀围弧度，臀围线位置的轮廓表现扁平等（图 1-10）。表现工艺设计如省道、褶裥、拼接、绗缝、滚边等，所绘制的形象要尽量符合该工艺的实际形象特点。

图 1-8　服装款式图 -8

三、绘图的技术要领

（a）准确合理的衣袖表现　　（b）袖子造型不准确，袖肥两
　　　　　　　　　　　　　　　条边线不平行

图 1-9　服装款式图 -9

（a）绘制准确的臀围弧线　　（b）臀围弧线过大，
　　　　　　　　　　　　　　表达不准确

图 1-10　服装款式图 -10

（a）线条简明扼要　　　　（b）错误的衣纹和衣褶
　　　　　　　　　　　　影响了服装的准确表达

图 1-11　服装款式图 -11

鉴于服装款式图的功能，其绘制方式主要用线条、点与面作辅助。在画面表现中，线条应当肯定、准确，不能模糊不清。线条的使用要"简明扼要"，能用一条线表达的，就不要用多条线，不必要的线条一定要擦除（影响结构判断的衣纹和衣褶一律不画），更不能保留错误的线条，会影响服装结构的准确表达（图 1-11）。做到每一条线都针对一个问题，都是无法替代的必要存在。严谨的态度，大到服装结构的分割，小到纽扣的大小和多少，都要仔细推敲。

为了达到绘制规范的标准，多借助使用仪器作画，曲直均需清晰，直线要坚定，曲线要顺滑，不可模棱两可。总之，服装款式图所表达的是一种求形及工艺性的美感。

许多服装款式图的用线呈现统一性，从始至终使用一支笔来绘制即可；但有时为了区分服装内外部的不同形态以及在表现面料厚度时，可以使用力度不同的线条来绘制，这样的服装款式图更富层次感（图 1-12）。服装的线条包括省道、褶裥、分割线、外部轮廓线、缝纫线等，选用不同的线条表现不同的功用，这样的结构表现会更加清晰。

例如，外轮廓一般用最粗的线条来表现，强调重要的比例关系；结构分割线应该使用中等粗细的线条，线条还要跟随人体结构的起伏而带变化，结构线与衣片的交接位置更要注意表达清晰；省位缝合线主要有肩省、胸省、腰省，通常使用细实线表现，要注意流畅顺滑；服装明线使用虚线表达，绘制要注意节奏均匀；属于造型设计上的结构褶纹，不管抽褶还是压褶，与结构线一样使用中等线来表达；着装时随人体结构而产生的褶纹，虽然不用画，却也可以用最细的线来表现；复杂的工艺细节往往也使用最细的线条来表现。

有时还可以使用不同的线条表达不同类别和不同面料的服

图 1-12　服装款式图 -12

装（图 1-13）。例如，西服和衬衫属于硬直性的服装，线条就要平整、顺直；针织服装要通过服装图案纹理的绘制表现出面料质地，线条要注意起伏感；柔软的女装、有波浪边的服装以及内衣，要注意线条的圆顺感和曲线感；蓬松的羽绒服还可以借助长短线的交叉以显示其立体感。

　　一件服装成品的诞生，要通过一系列的工艺手段来实现，在服装款式图绘制中，要通过实践经验的积累对这些结构和工艺作充足的分析，考虑清晰后下笔才能有条有理，只有这样，制作出来的成衣才能实现最初的设计构想。

第三节　服装款式图的表现方法

　　服装款式图旨在表达技术信息。服装款式图的绘制是为求准确表现服装的款式，能够概括款式细节，表现结构特征，绘图要求平实工整，画面清晰干净。针对它的实用目的，服装款式图的传统表现手法以用线为主，规规矩矩，基本形态、比例要协调，不走另类的、个性的风格创新，这合乎一般生产工序的要求。从某种意义上来说，也降低了服装款式图的绘画难度。

一、服装款式图的审美

　　服装款式图在视觉审美方面的价值越来越为人们所重视，它的功能不断扩大，形式也不断增多，最初主要是作为制板工序用图，后来又在服装宣传、营销和插图等方面大显身手，从一种制作图发展为一种艺术形式。

　　一幅绘制精美的服装款式图应该比着装模特更具典型，更能反映服装的风格与特征，因此更加充满生命力。好的服装款式图能把服装美的灵魂表现出来。当今一些从业人员的服装款式图作品风格多样、形式新颖、艺术水平高，已具有独特的欣赏价值。作为实用性的一种扩展，服装款式图所蕴含的审美意义同样需要我们来研究和提升。

　　从审美风格上看，可以将服装款式图归纳为两类：机械风格与装饰风格（图 1-14）。机械风格最典型的特征是严谨、理性，擅长单色的线条表现形式；装饰风格最典型的特征是轻松、感性，擅长图案与配色表现的形式。

　　在很长一段时间里，服装款式图以机械风格为主。因为它具有现代机械美学的主要特征——简洁与精确之美，表现工

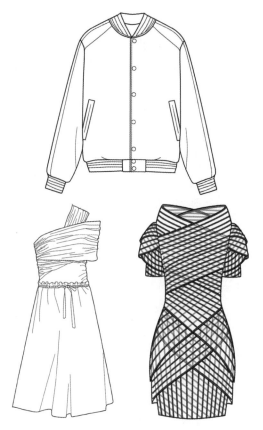

图 1-13　服装款式图 -13

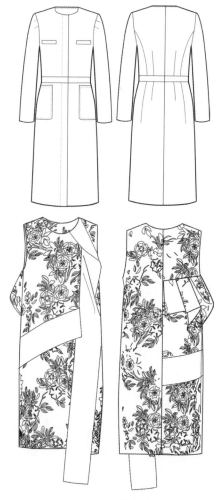

图 1-14　服装款式图 -14

细，手法质朴，类似工程图的效果，所以命名"机械风格"。机械风格以概念、洗练的线条，准确无误地表达服装造型与结构，也能够快速准确表现服装的主要部位，夸张变形小，直观性好，用线几乎没有明显变化，画面也无明暗、层次、色调的变化，更不添加背景装饰，表达元素省略简单，因此便于设计师和其他协作者沟通，让工作人员一目了然，在实际工作中运用广泛。

随着服装款式图用途的增多，从业人员开始深化服装款式图的视觉效果，突显美观的需求，个性化、装饰性的服装款式图越来越多。装饰风格的服装款式图在造型保持统一的基础上，受到多种绘画风格的影响，突出绘画中的多元性和趣味性。勾线讲究粗宽细窄的美，局部位置还有装饰性的线，用黑白灰表现服装的层次和体感，用上色技巧（渐变或局部晕染）进行丰富的渲染，还会用面料肌理表现出服装的图案花纹。有时连背景部分也用各种图形进行装饰，使画面元素新颖、时尚，注重美化设计，强调艺术感，带来很高的欣赏力。

二、多样化的构图

服装款式图属于绘画造型的一种，所以在实际应用中还需要考虑画面的构图。服装款式图是一种超过美学意义的起到功能作用的绘画，但它的表现方式并不是单一的。在实际应用中，对款式图的构图方式进行了相对规范的梳理，展示出设计师在不同环境中使用的款式构图法。这些构图方式各有所长，互相补充，谈不上谁优谁劣。服装款式图的构图对生产部门或许并不十分重要，但它能使设计思路更分明有序，这对设计管理无疑是有利的。

服装款式图经常与服装效果图、着装照以及文字描述同时出现在一张画面上，起着图片说明的作用，所以这就需要绘图者掌握整幅画面构图的要领。好的构图更容易展现服装的结构和精确的比例关系。服装款式图在实际应用中有四种常见的构图方式，包括横构图、竖构图、曲线构图和自由构图。

1. 横构图

横构图是将多个服装款式图水平横向排列的构图法。这种构图比较多元，最简单的方法是在画面中心设置一条水平基准线，将多款不同风格、不同款式的服装以基准线作为依据，进行款式图的绘制。此种构图方式适合服装单品设计，来进行不同款式、风格的比较（图 1-15）。

为了使服装生产者更直观地把握服装与人体的比例关系，有的横构图会以人体结构为基准展开构图，即从颈围线、肩线、胸围线、腰节线、臀围线中任选其一，作为基准线来辅助服装款式图的绘制。这种做法要求画面上的款式图都按照统一的人体模型进行绘图，这样的构图有助于生产部门快速比较出服装之间的松紧差和长短差（图 1-16）。

横构图同样适用于围绕面料主题或色系主题来绘制的服装款式图。设计部门在产品生产之前，会在服装款式图的旁边附上面料小样和配色图卡，例如，根据春秋斜纹卡其棉布面料设计的风衣、马甲、夹克等不同款式，采用横构图的方法，面料张贴在左侧，服装款式图依次排列，凸显了根据某种面料设计款式的延展思维，也有助于强调面料的特性（图 1-17）。

以肩线作为基准线的构图

图 1-15 服装款式图 -15

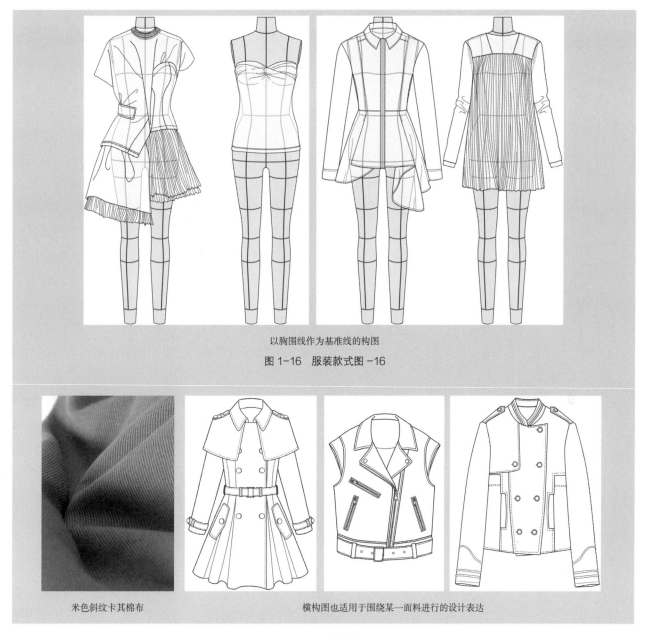

以胸围线作为基准线的构图

图 1-16 服装款式图 -16

米色斜纹卡其棉布　横构图也适用于围绕某一面料进行的设计表达

图 1-17 服装款式图 -17

2. 竖构图

在服装每一季度的生产与销售过程中，常根据相应的服装系列或主题来规划，即服装中"整盘操作"的概念。服装的这种组货形式，以平衡、协调为原则，组合不同的款式、图案、材料、设计因素、色彩基调、工艺手法、结构特点的服装，从而塑造出完整的品牌形象，达到组合销售的目的。在此需求下，每一季的服装款式图被组织在一起，依据服装系列进行构图，形成整体感很强的款式构图（图 1-18）。这一形式被广泛应用于商品生产和展示的环节。

这类构图通常能展示出一个系列的所有款式，甚至是一个波次的全部款式，款式组合在一起非常清晰，一目了然。配上色彩与面料的系列款式图，对于订货商和买手而言非常重要，他们可以在掌握通盘风格的基础上确定适合自己的货品组合，以此评估进货量与销售量。同时，对终端销售和陈列展示也很有用，特定的服装组合可以作为卖点进行宣传。

在竖构图中，为在众多服装款式图中追求视觉的平衡，通常设定统一的基准来绘图。独自成套的款式构图较简单，在一条垂直线上纵向排列上衣和下装，这样的构图能够对比出上下、内外不同服装的尺寸以及搭配关系（图 1-19）。在款式较多的情

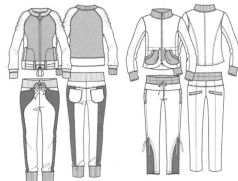

图 1-18　基于整盘货考虑的竖构图

图 1-19　独自成套的竖构图

图 1-20　表现曲线构图的方式

况下，可以将上衣和下装之外的配件款式图（如内衣、外套、鞋帽、配饰）布置在成套服装款式图的四周。竖构图的方式经常出现在橱窗设计、陈列设计手册中，这让消费者能够了解到设计师对服装搭配和组合的意图，推动连带销售。

3. 曲线构图

服装款式图有正、反、侧三个绘图角度，当侧面没有特殊设计时，款式图只需绘制正背面。大多数情况下，反面款式图在前，反面款式图在后。如今设计师开始对反面设计高度重视，如若服装的设计重点在后背，也有反面款式图在前、正面款式图在后的特殊构图。为了增加画面美感，正面款式图和反面款式图可略做重叠，并上下错落，形成曲线构图（图 1-20）。

4. 自由构图

一个完整的设计需要服装效果图与服装款式图的综合表达，当一张画面上既有服装款式图又有服装效果图的时候，构图一般采用自由的方式，根据重要性的不同来调整二者的大小和位置（图 1-21）。在设计教学和服装设计大赛中，服装效果图作为表现主体，服装款式图应小一点，重点突出服装概念与创意效果。而在产品开发中，为了表现清楚结构，服装款式图需要大一点，便于加工生产过程中的阅读和理解。不管哪种应用，都要注意到服装效果图对细节及工艺的表达有限，所以服装款式图要按服装与人体的比例绘制，这样才能给后续人员以准确的导向，保证制板的结果符合设计的效果。

服装效果图除了要求比例、造型符合设计效果，还要结构、部件位置合理，尤其是对服装部件的表达力求准确。这时，设计师通常以单独绘制的方式来强调工艺和细节，如缉明线还是暗线、活褶还是固定褶，作为对服装款式图的深化补充（图 1-22）。

图 1-21　与服装效果图相结合的自由构图

三、手绘与数码的综合表现

服装款式图常见的绘画技术是手绘和数码绘图（图1-23）。手绘表现与数码制图是两种不同的技术手段，可以相容互补。

在设计构思阶段，手绘服装款式图表现因便捷、自由、可与思维同步等特点更有优势，而在设计表现阶段，电脑绘图的速度、手段则是手绘表现无法比拟的。手绘的效果较为亲切、生动，线条丰富；电脑绘图的效果更易规范、整齐，线条细致。可以根据不同风格的服装款式来选择运用何种绘制工具，既可以手绘，也可以运用电脑进行绘制，还可以将两者结合起来使用。

图1-22　强调局部细节的自由构图

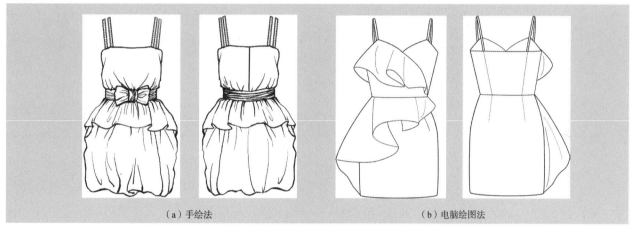

（a）手绘法　　　　　　　（b）电脑绘图法

图1-23　服装款式图常见的绘画技术

第四节　服装款式图的实际应用

服装款式图并不只是设计的一个过程，它的应用十分广泛（图1-24）。服装生产企业遍布全球，服装款式图为整个服装业提供了一个通用的、可视化的语言交流方法。在设计研发、生产加工、包装销售、时尚生活中都起着样图、规范指导的作用（图1-25）。

一、设计开发与工业生产

1. 用于设计开发的服装款式图

在企业产品开发中，服装设计师非常重视用平面形式的款式图表现服装设计款式（图1-25）。对于服装品牌设计开发部门，服装款式图可以说是一种最方便、最快捷、操作简单而且还可以指导生产的一种绘图形式（图1-26）。服装款式图的线

图1-24　服装款式图-18

图 1-25 企业设计开发中的款式图

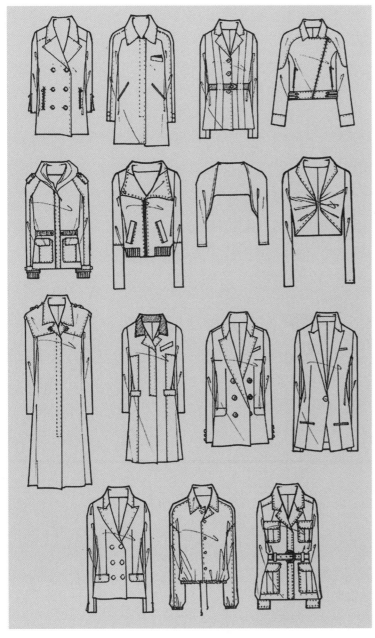

图 1-26 服装款式图在设计与生产中的应用

条直白明确，所以服装企业的各个部门都能根据简洁的线条来了解服装的轮廓、结构与细节。在服装款式设计表现上，它比服装效果图更完整、具体，因为服装款式图一般都要求完整表现，这样可以修正服装效果图中由于人体的立体形态所造成的透视问题，弥补了衣服中被遮挡的部分，使服装的内部结构和外部轮廓格外清晰。

2. 用于生产加工的服装款式图

在生产加工中，为了制造出规格统一的服装商品，需要制定标准化的工艺单，把款式结构、细节设计、缝纫要求等信息向加工车间进行传达。工艺单是服装加工环节最重要的说明书，记录着服装制作过程中的具体指示，以图表形式为主（图 1-27、图 1-28）。服装款式图在工艺单中占据核心位置，需严格认真地把规格与要求表达清晰，特别是处理款式特殊、工序复杂的工艺单时，还要以裁片打开的方式画出内部的细节，并标注尺寸。有时成本核算表中也会附加款式图或照片，从而使成本核算更加直观。

绘制工艺单上的服装款式图时，常使用直线箭头来标注各部位尺寸，以及针距、缝迹、缝制方法等缝纫要求，也可以将这些数据或备注填写在相应的表格栏里。总之，要完整、具体地表达出加工工艺指示，使生产部门接单后，加工人员能够根据工艺单的信息准确分析出服装的工艺特点，在工艺单的指导下进行制板、裁剪和缝纫。

完整性和准确性是工艺单的关键所在，一旦遗漏某处细节或错误表达某项内容，生产就会不合格，产品的最终效果将大打折扣，直接带来经济损失。因此，工艺单的记录应尽量全面（图 1-29）。工艺单上的款式图多以正面图和反面图为主，有时还需要侧视图或内

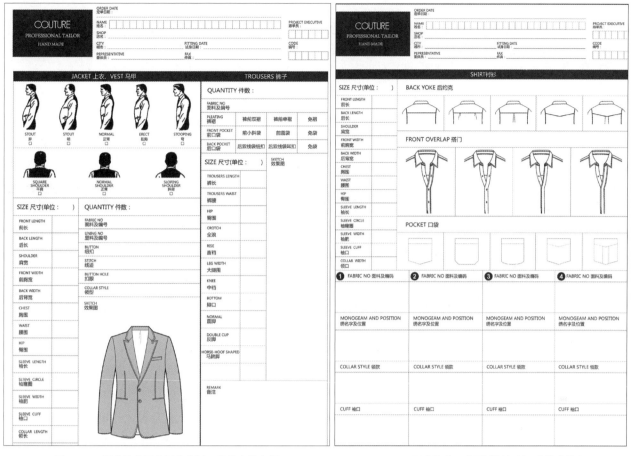

图 1-27 服装款式图在男装定制工艺单中的应用　　　图 1-28 服装款式图在男衬衫定制工艺单中的应用

视图辅助说明。如果需交代特殊工艺时，还应给局部细节绘制一个特写来突出它的重要特征。

3. 用于产品目录的服装款式图

产品目录（Catalog）用途很广，服装品牌宣传册、订货手册、价目表都以产品目录为主（图1-30、图1-31）。国外许多服装品牌公司在每季发布的产品目录中，一个系列的服装设计往往只有部分是着装状态的模特照片（静态展示或动态走秀），其余均为服装效果图，而且在照片或服装效果图的旁边常附有服装款式图，以便向订货商提供准确的服装信息。服装款式图在这里既要体现出商业性又要强调其科学性。

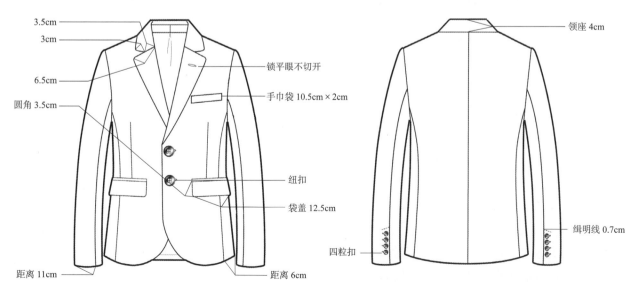

图 1-29 服装款式图的工艺记录

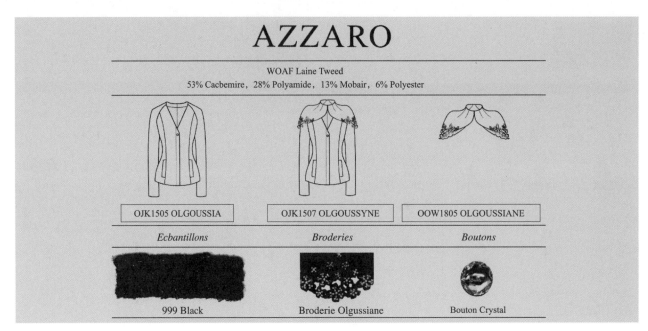

图 1-30　服装款式图在产品目录中的应用 -1

AZZARO

SEAT/DNAE Crêpe de Soie et Dentelle
100% Soie/57% Coton, 43% Polyamide

ODR1643 OUM

Ecbantillons	*Fantaisies*
999 Black	Dentelle Noir

图 1-31　服装款式图在产品目录中的应用 -2

二、流行发布与商业陈列

在市场销售中，服装款式图多用于宣传样册和价目表中，需要绘制高度概括，特征明显，并且附有相关的图表。陈列展示也需要提前使用服装款式图作出陈设规划。在时尚生活中，服装款式图可以用在流行趋势和服装纸样书中，为爱好者传授一种技巧。

1. 用于陈列展示的款式图

为了激发消费者的购买欲，达到销售商品的目的，服装产品在卖场进行陈列展示之前，陈列人员会利用即将到货服装的款式图，提前进行产品展示的统筹组合（图 1-32）。通过服装款式图进行各种组合的模拟实验，展示出系列款式服装的陈列效果，增加视觉趣味，使产品陈列能够达到最佳效果。这说明了从服装设计之初陈列人员就开始借助服装款式图提前酝酿商品的陈列计划。

2. 用于流行趋势的款式图

在市场变化莫测的今天，流行趋势预测的指导作用日渐突出。专业机构发布的流行趋势是对整个国际局势前瞻性的分析，其中包括国际流行色、新工艺、新面料等信息，对于任何企业都有很大的参考价值（图 1-33）。这类流行趋势的书籍或网站为了更实用化，会从流行趋势主题、色彩演变、纱线图案、织物组织、款式开发、面料来源等角度绘制对应的服装效果图和服装款式图，为设计提供全方位的设计指导。书中的服装款式图基本上都着色，并模拟布纹或一些结构细节等肌理质感，采用更为艺术化的处理，突出更为丰富的视觉效果。

3. 用于家庭纸样的款式图

自己动手制作衣服的服装纸样书，针对初学者的定位，以介绍容易轻松裁制的潮流服装及家庭缝纫技巧为主。这类书籍中通常都有服装效果图和服装款式图，用图示作说明浅显易懂，对爱好者而言比较容易入门。服装纸样书中的款式相对简单，所以服装款式图也简单绘制，只要能表达清楚并指导缝纫就可以了（图 1-34）。美国纸样品牌美开乐在 20 世纪 90 年代初进入中国，开创

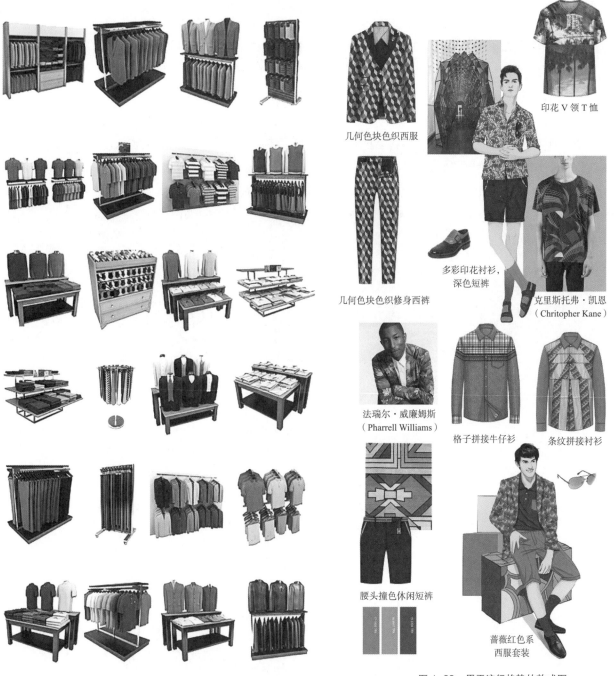

图 1-32 用于陈列展示的款式图

图 1-33 用于流行趋势的款式图

印花 V 领 T 恤

几何色块色织西服

几何色块色织修身西裤

多彩印花衬衫，深色短裤

克里斯托弗·凯恩（Chritopher Kane）

法瑞尔·威廉姆斯（Pharrell Williams）

格子拼接牛仔衫

条纹拼接衬衫

腰头撞色休闲短裤

蔷薇红色系西服套装

图 1-34 用于服装纸样书中的款式图

了中国纸样 DIY 时代，当中带有布纹与色彩的款式图给人们留下了深刻印象。

三、艺术表演与概念设计

在服装教学中，服装款式图的绘制起到衔接贯通的作用，是学习服装效果图的其中一个环节。服装款式图与服装草图、服装效果图共同构成服装设计图的主体，三者结合起来使用，能更好地说明服装设计的思路与意图。过去的教学中，服装效果图为大，忽略了服装款式图的重要性。如今，许多服装专业意识到服装款式图在实际应用中的重要性，开始对服装款式图进行强化教学（图 1-35、图 1-36）。

服装设计大赛为避免参赛者设计出空中楼阁式的服装，也需要根据各类服装的设计要求进行服装款式图的绘制。它是服装设计在款式、结构方面的图解，更精确地展现概念服装的造型特征，并能够表述清楚服装的艺术构思和工艺构思。

图 1-35 服装教学中款式图强化训练

图 1-36 服装设计大赛中效果图与款式图

本章小结

1.从服装款式图概念入手，对服装款式图的特点、学习目的、作用及功能三方面内容进行了细致阐述。

2.服装款式图的设计原则有三个需要把握的重点：正确理解服装与人体的关系，针对款式进行分析与归纳，掌握绘图的技术要领。

3.服装款式图的表现方法主要有：款式图的审美、多样化的构图、手绘与数码的综合表现。

4.服装款式图的实际应用范围有：设计开发与工业生产、流行发布与商业陈列、艺术表演与概念设计。

思考题

1.举例说明服装款式图的功能。

2.阐述款式图绘制的设计原则。

3.服装款式图的表现手法有哪几种？不同的手法在画面效果与风格上有何不同？

基础理论

第二章 款式设计的基础表达

课 题 内 容：廓型设计表达、结构设计表达、细节设计表达、风格设计表达

课 题 时 间：8 课时

教 学 目 的：通过本章学习，学生应掌握服装款式图的基础表达；具备廓型设计、结构
设计、细节设计和风格设计的认知和能力。

教 学 方 式：本章以理论教学与 PPT 演示为主。教师将课程内容制成 PPT 文件，以文
字讲解结合图像介绍的方式，对本章知识点进行视觉化演示，使学生理解
服装款式图的基础设计表达，为后续设计绘制训练打下基础。

教 学 要 求：1. 结合实例讲解服装款式图的廓型设计原理和表达方法。

2. 重点讲解结构设计和细节设计的原理和表达，尤其是工艺的学习。

3. 结合名家作品实例讲解服装款式图的风格设计表达。

课前（后）准备：选择典型的服装款式图作品图例作为本章内容的案例，进行尝试性的临摹
练习。

第一节　廓型设计表达

一、廓型的特点及分类

廓型是服装外形的轮廓，它像是逆光中的服装剪影效果，是服装款式的第一视觉要素，并决定了一件服装带给人的总体印象（图2-1）。廓型也是形成服装基本风格的造型关键，所以设计师往往会花费很大精力来推敲廓型设计。在服装构成中，有限的服装廓型可以通过层次、厚度、转折以及与造型之间的关系等生产出千变万化的服装款式。更重要的是，服装廓型也是时代风貌的一种体现，反映着服装流行时尚的变迁，例如，20世纪初的S形、20世纪20年代的管子形、30年代的细长形，流行款式演变最明显的特点就是廓型的变化。

廓型与人体支撑部位关系密切，其中，肩线的位置、肩的宽度和形状的变化会对服装肩部造型产生影响，例如，翘肩和包肩的变化；腰线位置高低的变化，形成高腰、正常腰线、低腰的区别，腰围的收缩或放松程度产生紧身形和宽松形的不同；底边线的长短变化和形态变化是服装流行的标志之一，对服装外轮廓产生丰富的变化。此外，体积也是轮廓变化的设计视点，材料的堆积程度和材料的软硬厚薄等体积因素同样决定了廓型的塑造。

根据服装轮廓的不同外形特征，大致有四种分类方法：字母式廓型、几何式廓型、物象式廓型和术语式廓型。字母式廓型以英文大写字母命名，形象生动地用字母形来表现服装的外形特征，常见的有A形、H形、X形、T形、Y形、O形、V形、S形。20世纪50年代由法国时装设计大师迪奥推而广之，在现代时装设计造型中这也是最常见的分类，几何式廓型是以特征鲜明的几何造型来命名，如长方形、正方形、圆形、椭圆形、梯形、三角形、漏斗形等，这种分类造型明确，极富整体感。物象式廓型以大自然或生活中的物像形态来表现服装造型，如沙漏形、气球形、钟形、喇叭形、酒瓶形、帐篷形、棒槌形、圆桶形、花瓶形、郁金花形等，这种分类方便记忆，容易辨别。术语式廓型以服装专业术语命名，如公主线形、直身形、细长形、自然形等。

图 2-1　廓型是服装款式的第一视觉要素

现代时装设计变化丰富，令人眼花缭乱，若将廓型分类更简明化，可分为：直身形、修身形和大廓型，这三种廓型几乎包含了所有的服装外形。

1. 直身形

直身形服装以平肩、不强调胸腰曲线、放松腰部、身体两侧呈直线形轮廓、衣身呈直筒状、箱形底边为外形特征，具有修长、简约、宽松、舒适的特点，最有代表性的直身形即H形（图2-2）。20世纪20年代直身形服装流行于西方，20世纪50年代再度流行并被称作"布袋形"，20世纪60年代风靡一时，20世纪80年代又一次流行。直身形的上衣以不收腰、窄底边为基本特征，直身形的裙子和裤子也以上下等宽的直筒状为特征。通常能够在强调肩部、腰部、底边宽窄基本一致的运动装、休闲装、家居服、男装以及复古时装中看到直身廓型的身影。

T形也是直身形的分支，强调上大下小的造型（图2-3）。其造型特点是强调肩宽，但胸部以下为直身式，表现出强烈的中性特点，以它潇洒、大方、硬朗的风格，成为男性服饰的代表，如 T 恤。近年来女装也大量采用 T 字直身廓型，在一些较为夸张的表演服和前卫服饰设计中运用也很多。

2. 修身形

修身形为上身适体，腰部收紧，臀部呈自然形，下部呈喇叭形舒展的外形轮廓。X 式的修身形能充分勾勒出女性线条，强调丰胸细腰的婀娜窈窕之美，具有典型的古典风格，也是最富有女人味的廓型，通常在经典风格和淑女风格中大量使用（图 2-4）。X 式修身的上衣和大衣以宽肩、收腰、阔底边为基本特征，连衣裙也以上下肥大、中间瘦紧为特征，充分塑造出女性柔美、性感的特点。

与 X 式不同，还有一种修身形是全面包裹人体的外形，自上而下作明显的收紧。这种外形以 S 形、酒杯形为代表，即服装从侧面看丰胸、收腹、翘臀，宛如 S 型的曲线样式（图 2-5）。从正面看，上半身至膝盖都很合身贴体，可以最大限度显示人体轮廓，突出女性身体的曲线特征。

3. 大廓型

大廓型以服装内在空间为核心，通过控制服装与人体的空间放松度来决定服装大廓型的走向。常见的大廓型有 O 形、A 形、V 形和 Y 形。

O 形服装类似于圆形或椭圆形，其造型没有明显的棱角，上下较窄，腰部线条松弛不收腰，有包裹的感觉。O 形服装外轮廓线相对柔和，圆润可爱。O 形会让身体充分得到自由，因此以休闲、舒适为主要特点，这种廓型多出现在休闲装、运动装、家居服和孕妇装的设计中（图 2-6）。

A 形服装的外形上小下大，窄肩，胸部较为

图 2-2　直身形服装的特点

图 2-3　T 形直身形服装的特点

图 2-4　X 形修身形服装的特点

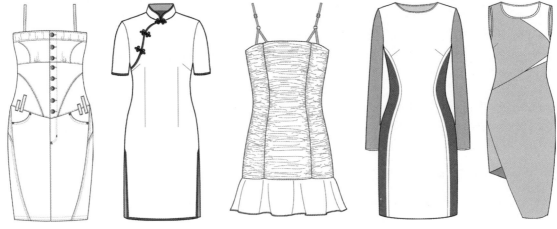

图 2-5　S 形修身形服装的特点

合体，由腋下逐渐变宽，强调底边的张
开，这种上窄下宽、底边宽大的特点与
正三角形和梯形相似，富于活力，活泼
而浪漫，流动感强，在童装和高腰裙
中应用较多。A 形的上衣肩部较窄或裸
肩，衣摆宽松肥大；A 形的裙装和裤装
均以紧腰阔摆为特征（图 2-7）。

　　V 形与 A 形造型相反，强调上宽下
窄，呈倒梯形结构。V 形服装的特点是
肩部较宽，自上而下逐渐变窄，整体外
形夸张，有力度，有阳刚气，给人以雄
健、洒脱、俊美、豪迈的风格（图 2-8）。
除了男西服、夹克多属于 V 形，一些女
装中也采用此种廓型，如 20 世纪 80 年
代一度流行的宽肩套装，延伸的肩线和
坚硬的肩角以及细腰肢的对比，刻画出
职业女性干练、精明的剪影。如今，横
向延伸的肩线创造一种显著的未来主义
轮廓，效果是延伸的、长长的肩线下手
臂的自然下垂，通过对比加宽肩部的同
时收窄了腰部。

　　Y 形同 V 形一样强调肩宽，独特之
处是强调身型的细长，从腋下开始采取
贴身设计，Y 形服装犹如它的形状，更
加突出女性胸部及细长性感的双腿，风
格独特而浪漫（图 2-9）。通常看到的短
上衣配细长的铅笔裙就是典型的 Y 形，
它对美化女性整体造型，突出女性特点
都有着独到之处。

图 2-6　O 形大廓型服装的特点

图 2-7　A 形大廓型服装的特点

图 2-8　V 形大廓型服装的特点

二、廓型的绘制知识

廓型是实现服装风格的基础，更是画好服装款式图的根本。现代服装尽管时尚多变，但总体造型印象是由外轮廓决定的，廓型进入视觉的速度和强度高于其他元素。

就服装款式图来说，廓型既能传达和展现时代风貌，又可以表达人体美的形态，更是实现服装风格的重要手段。同时，它还是用来区别和描述不同风格款式的最直观的元素。

A 形、三角形多表现活泼、可爱、浪漫的风格，常用于连衣裙、半身裙、斗篷、上衣、短外套等服装品种（图 2-10）。

H 形、箱形、长形、方形给人严谨、中性、刻板的风格，适合表现中性化或男性化的硬朗服装，多用于职业装、运动装、休闲装。从 H 形中延伸出的 I 形，其廓型更加修长、纤细（图 2-11）。

O 形、茧形、纺锤形、气球形等廓型展现活泼、生动有趣的风格，适合表现夸张、大气的服装，常用于日装中的大衣和中长款上衣、运动装及夸张的舞台装等（图 2-12）。

T 形、倒三角形适合展现阳刚、洒脱、大方的风格，多用于大衣、具有军装风格的上衣或夸张前卫的表演装。T

图 2-9　Y 形大廓型服装的特点

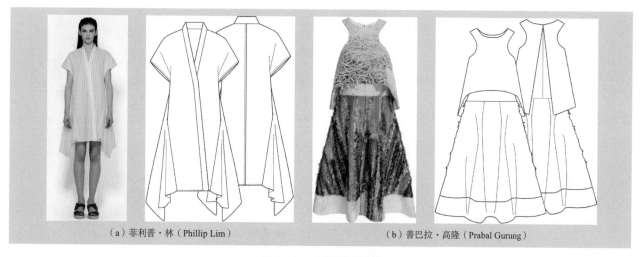

（a）菲利普·林（Phillip Lim）　　　　（b）普巴拉·高隆（Prabal Gurung）

图 2-10　A 形服装的绘制

图2-11　H形女装的绘制　菲利普·林（Phillip Lim）

（a）塔玛拉·梅隆（Tamara Mellon）　　　　　　　　　　　　（b）艾绰（ETRO）

图2-12　O形女装的绘制

型还可以派生出Y形，这种廓型表现为肩部夸张、腰部至臀围线方向收拢，胸腰部位大多采用收省或叠褶处理，下身较窄长贴身，兼有X形和T形的特点（图2-13）。

　　X形廓型以人体曲线为基准，塑造宽肩、束腰、自然臀形、散开裙底边的外形，适合展现古典、优雅的女性化风格，多用于礼服、连衣裙、外套等服装（图2-14）。

　　S形、沙漏形、酒瓶形注重贴体或夸张，流畅柔顺的长线条强调曲线味，适合表现性感、妩媚的女性化风格（图2-15）。

　　在绘画服装款式图的轮廓时，要把握好影响廓型的关键部位，对这些部位稍加变化，便会演绎出不同韵味的外形。

　　肩是廓型变化中受到较大约束的部位，只能依附人体肩形略做变化，变化范围远不如其他部位。但由于肩是服装的主要支撑点，离头部最近，所以微妙的变化都能产生风格迥异的视觉效果。肩部的

（a）德里克·林（Derek Lam）　　　　　　　　　　　　（b）J. W. 安德森（J.W.Anderson）

图2-13　T形女装的绘制

（a）奥斯卡·德拉伦塔（Oscar de La Renta）　　　　　（b）莉娜·霍希克（Lena Hoschek）

图 2-14　X 形女装的绘制图

（a）玛切萨（Marchesa）　　　　　　　　（b）马蒂斯威斯柯（Maticevski）

图 2-15　S 形女装的绘制

主要造型有垫肩、溜肩、宽肩、平肩、落肩、离肩等设计（图 2-16）。

腰的变化非常丰富，是通过改变腰节线的高度和腰的围度来塑造理想所需的廓型（图 2-17）。腰线的高低使服装呈现不同形态。高腰线纤长俊俏，拿破仑时期的帝政女装腰线非常高，位于胸部以下，是高腰的代表；中腰线端庄自然，洛可可的古典女装在正常腰位处束腰，是中腰的代表；低腰线随意休闲，第一次世界大战后浮夸时代的女装腰线降至胯部，是低腰的代表。腰围的放松度可以从紧身、合体、宽松三个方面进行描述。腰部宽松的 H 形与腰部紧身的 X 形分别创造出简洁轻松与轻柔纤美两种不同的造型风格。

臀围线也是款式变化中举足轻重的部位，臀部造型有自然、扩张、夸张、收缩等不同的变化（图 2-18）。

（a）坦尼娅·泰勒（Tanya Taylor）　　　　　（b）奥斯卡·德拉伦塔（Oscar de La Renta）

图 2-16　女装的肩部造型绘制

（a）扎克·珀森 (Zac Posen)

（b）波索（DELPOZO）

图 2-17　女装的腰部造型绘制

 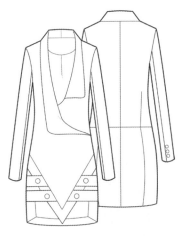

（a）安东尼·瓦克莱洛（Anthony Vaccarello）

（b）哈尼（Haney）

图 2-18　女装臀部造型绘制

底边线在上衣和裙装中俗称下摆，在裤装中俗称脚口，是形成服装廓型的敏感部位。服装底边形态的长、短、曲、直变化，以及采用某些特殊的底边形状等，直接展现了设计趣味和时代精神，成为人们的视觉焦点所在。底边线的位置成为服装长度变化的关键参数，也是影响服装比例关系的重要部位，例如，裙长可以有迷你、及膝、中长、及踝、曳地等细分，衣长可以有超短、短款、及臀、中长、长款、超长款等分类（图 2-19）。

三、用褶式创造立体空间

衣褶作为服装造型的重要表现手法，最大优势是用于改变原有的服装形态和属性，为身体营造特

图 2-19　女装的底边线造型绘制伊萨（Issa）

殊空间，让服装产生立体化、肌理化，呈现动感趋势的效果。褶式可使服装的宽松度加大，进一步满足人体活动的需要，孕妇服正是利用这一结构功能达到加大腹围的目的。

由于面料的受力方向与大小不同，能产生出千变万化的褶式。如对面料的斜纱施力，褶裥柔和自然；如对面料的直纱施力，褶裥刚劲有力；因面料的厚薄不同，褶的效果也不一样；同样的折叠起皱方式，赋予的力不同时，产生的褶也不相同。可见，褶式是改变面料单一性有效的手段之一，是现代服饰中不可缺少的形式。按其表面特征，褶裥可划分为两种常见形式：手工褶和自由褶。

1. 手工褶

手工褶分为压制式的衣褶和抽绳式的衣褶。压制的衣褶是将面料折出褶，再用针线细密固定，或者用机器压烫成型。连续性的压褶大多用于装饰，或成组，或单独打褶，这类衣褶视觉工整，尤其是直线褶，褶纹重复而规律，赋予秩序感。在构成压褶的方式上，一般是固定褶的某一端，而另一端能沿着特定方向自然运动，表现出褶的动与静、平整与起伏、紧凑与舒展的对比风格和运动特征。压制式的衣褶以单向褶、工字褶、风琴褶为代表（图2-20）。

图2-20　压制式手工褶的设计表现

抽绳式的衣褶形如碎褶，以点或线为单位起褶，是面料集聚收缩后所形成的动感丰富的衣褶，有单向与多向之分。单向褶纹多以线为单位起褶，表面呈平行或接近平行的纹理状态（包括碎褶在内）。多向褶纹多以点为单位起褶，具有强烈的方向性，褶纹呈放射状的纹理状态。抽绳式的衣褶适用于轻薄织物，通过宽松度的变化形成丰满的装饰效果（图2-21）。

2. 自由褶

自由褶是在指定范围内、从不同方向堆积褶纹，面料呈现出厚重、生动、华丽的纹理状态（图2-22）。自由褶在形式上具有灵活性，将面料进行有序或随意自然的揉捏、叠加或堆砌，这种效果附着在人体身上，会使人产生视觉联想，在外观上形成一条条起伏顺畅的弧线。这类褶形态富于变化，自然随意，附有律动感。

自由褶的聚集效果十分明显，能产生一种集中、厚重、扩张的感觉，用来达到服装中强调、突出、夸张的目的。自由褶还能协助突出胸部、收紧腰部、扩大臀部，增加某一部位的活动量等功能，如哈伦裤的胯部活褶。自由褶的常用部位如悬垂领和晚礼服上的塑形褶饰。

还有一种垂坠褶也属于自由褶，是在两个单位之间起褶（点、线均可作为起褶单位，或两点之间，或两线之间，或一点一线之间），形成疏密变化的曲线褶式，具有波浪起

图2-21　抽绳式手工褶的设计表现

伏、自然垂落、柔和优美、轻盈奔放的纹理状态（图2-23）。面料悬垂而形成的衣褶，自人体着力点向下形成自由的衣褶，可以产生丰富柔和的节奏感和韵律感。

图2-22　自由褶的设计表现

图2-23　垂坠自由褶的设计表现

第二节　结构设计表达

一、内结构线的画法

服装内部结构中的线称为结构线，结构线又称为开刀线、分割线。从造型需要出发，将服装分割成若干裁片，裁片缝合时所产生的分割线条，有的具有功能特点，主要作用是为了结构合理，也有的具有装饰功能，目的是为了造型美观。结构线主要由省道线和装饰线两大类别组成，起到造型分割和装饰分割的作用。

服装省道线有塑形和合体的作用，如突出胸部、收紧腰部、扩大臀部，使服装能够充分塑造人体曲线美。对于特殊结构的服装，也可以通过省道线的设计达到塑造廓型的功效。女上装的省道线最丰富，包括胸省、腰省和背省。胸省是实线女性胸部曲线的重要塑形手法，变化较丰富，通过省道转移的方法可以呈现出腰省、侧缝省、腋下省、袖窿省、肩省、领省、前中缝省七种不同位置的省道。腰省是收省量最大的位置，在腰节线附近收省，设计时可以与胸省联合成胸腰省，如刀背线、公主线就是典型的胸腰省。背省与后背肩胛骨造型有关，通过省道转移也分为领口省、肩背省、腰背省三种。不同于女性上装的省道多变，下半身的服装省道线相对固定，集中在腰臀部和腰腹部，臀部和腹部的省道可以与上装延长的腰省相接，就成了腰臀省。如连衣裙和长大衣的腰间省道就是典型的腰臀省（图2-24）。

装饰线一般没有直接塑造形体的作用，仅仅是在服装上进行分割装饰。装饰线的位置和形态都是为了服装造型的视觉需要而设计的，所以线条自由多样，既有横向分割、垂直分割和斜向分割，又可以使用曲线与直线交错的形式，无论什么样的分割，都需要讲究比例美（图2-25）。

把装饰线和省道线的两种功能相结合，形成既塑造形体，同时又兼顾设计美感的结构线，是服装结构发展的趋势。但这种结构线更为复杂，要考虑到制板的可行性，对工艺亦有较高的要求（图2-26）。

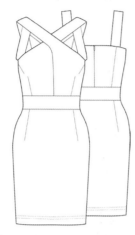

（a）布乎（Boohoo）

（b）伊万娜·乔拉库（Ioana Ciolacu）

（c）保罗·卡（Paule Ka）

（d）普拉巴·高隆（Prabal Gurung）

图2-24 女装省道线的绘制

（a）戴尔芬·玛尼薇（Delphine Manivet）

（b）玛丝菲尔（Marisfrolg）

图2-25

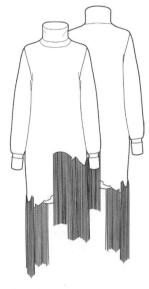

（c）伊万娜·乔拉库（Ioana Ciolacul）

（d）戴尔芬·玛尼薇（Delphine Manivet）

图 2-25　女装装饰线的绘制

（a）乔纳森·西姆凯（Jonathan Simkhai）

（b）纬尚时（Versus）

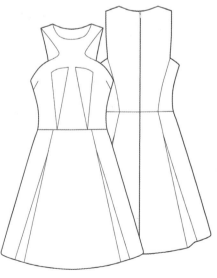

（c）库什尼·奥克斯（Cushnie Et Ochs）

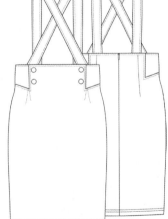

（d）任茜（Reineren）

图 2-26　省道线与装饰线相结合的绘制

二、敞闭方式的画法

服装为满足人的穿脱需要，留有门襟、开衩等敞闭位置。这些敞闭形态作为服装重要组件，常居于明显部位，对整体的和谐布局起着决定作用，也就成为服装设计的表现重点之一。服装的敞闭形态还对服装起到收束的功能，设计时利用服装的敞闭达到收身，可获得塑形的美感。

在绘画服装款式图时，需要提前弄清楚服装敞闭的处理形式和结构工艺，才能准确画出服装的穿脱方式，避免产生不必要的疑问。

从敞闭类别上分为以下几种形式：

（1）纽扣：通常分为扣子和扣眼，分别在扣合部位的两侧（图2-27）。纽扣的材质十分丰富，材质与造型息息相关。另外有些纽扣造型相对固定，如盘扣、牛角扣等。根据纽扣的点缀方式，可分为单扣点缀、多扣成排、密扣成面等排列效果。当纽扣缝于衣面时，需画出敞闭后的扣子和扣眼的关系；当使用拷纽（子母扣）时，可画出一个扣位打开的形态，展示子母扣的样式；当使用暗合扣或搭扣时，可用虚线画出缝线痕迹或者不画。

（2）拉链：由链牙、拉头、上下止或锁紧件等组成。其中链牙是关键部分，一般拉链有两片链带，每片链带上各自有一列链牙，两列链牙相互交错排列。画拉链时，表现重点就是链牙和拉头。

拉链类敞闭最大的特点是方便，齿牙拉链在运动装、休闲外套上使用频繁，隐形拉链在女装中应用最广。同时，拉链也不单是一种功能性的辅料，它对服装的装饰作用日益明显。利用齿牙拉链、加搭门拉链、双开拉链等形式能够产生不同的视觉感受，带来丰富的设计效果（图2-28）。

（3）绳带：绳带式敞闭是用绳子或带子直接在服装上缠绕打结并固定的形式，其长度、松紧以及结的位置都可以人为地调整。绳带式敞闭也分为两

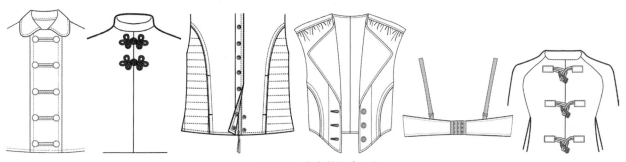

图2-27 纽扣的设计形式

种：一种是直接拼接在服装上；另一种是分离的系带。绳带类敞闭与缠裹式服装有一种相得益彰的美感。绳带式敞闭的特点是：可调节性强，给人一种随性的感觉，也是一种非常好的强调腰身的方法，它本身的装饰性也很强（图2-29）。

（4）束腰：束腰是将较为宽大的面料，合体地围绕在腰节处，有类似紧身衣的效果。束腰设计给人一种硬线条的感觉，主要目的还是凸显人体的曲线（图2-30）。还有一些特殊辅料，如挂钩、魔术贴等也用于敞闭设计（图2-31）。

服装中最常见的敞闭形式位于前中心线，服装从前中心打开的形式，穿脱最方便合理，功能性强。由于前身拥有较大面积，敞闭形态又衍生出许多不同的样式：

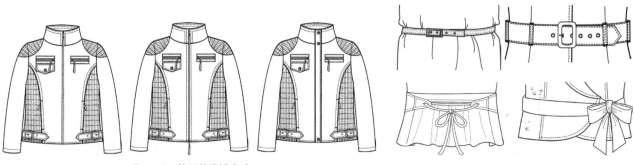

图2-28 拉链的设计方式

图2-29 绳带的设计方式

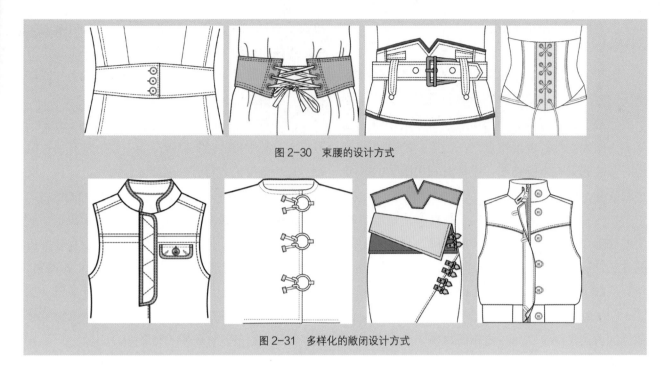

图 2-30　束腰的设计方式

图 2-31　多样化的敞闭设计方式

（1）单排扣：单排扣是门襟开在前中心线区域的形式，一般扣位设定在前中心线上，单排扣的搭门量通常在 1.7~2.5cm。凡正面能看到纽扣的称为明门襟，纽扣缝在衣片夹层上的称为暗门襟。单排扣是最普遍的一种门襟形式，几乎可以应用在任何种类的服装上（图 2-32）。

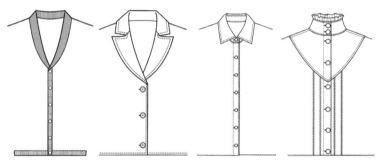

图 2-32　单排扣的设计表现

（2）双排扣：搭门量一般在 8cm 左右，双排扣以前中心线为对称轴、扣位左右对称（图 2-33）。大面积重叠的双排扣门襟感觉厚实硬挺，多用在风衣、外套和大衣上（图 2-34）。

（3）对襟：是指以前中线为轴，衣服的两个前片不互相重叠，而是相互对应的门襟款型（图 2-35）。对襟的扣合方式为对合在一起。

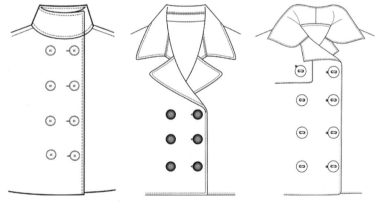

图 2-33　双排扣的设计表现

（4）斜襟：是指门襟开在前中心线的一侧，左右片不对称，穿着时开口呈现出一边压住另一边的形态。斜襟又有侧门襟和斜门襟两种（图 2-36）。侧门襟指的是对搭、叠压不在前中心线上，可能偏左，也可能偏右。门襟偏左时称为右搭襟，门襟偏右时称为左搭襟。斜门襟是指门襟不竖直而是倾斜的。

图 2-34　双排扣在服装上的设计表现

（5）开襟：是指敞开门襟的形式，有半开襟和全开襟两种（图2-37）。半开襟的门襟不是一开到底，很多套头类服装都有半开襟设计，特别是针织类服装中使用量较大，如Polo衫就是半开襟至1/3衣长的套头衫。全开襟是指门襟位置完全打开的开合款式，可以用系绳或系扣，也可以是完全敞开的。

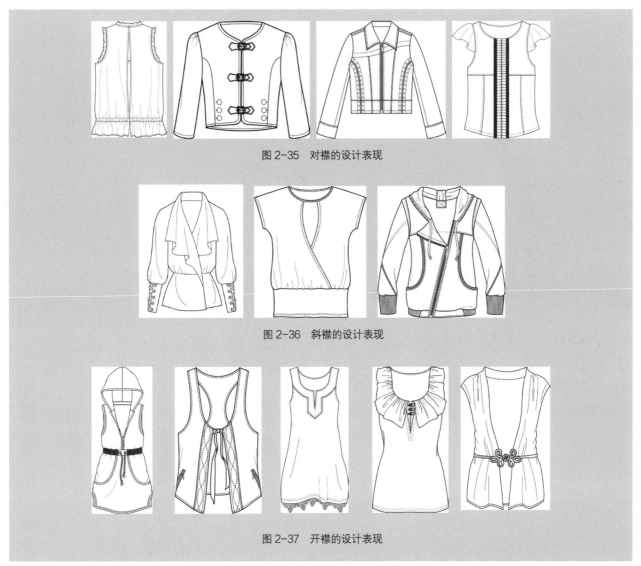

图2-35 对襟的设计表现

图2-36 斜襟的设计表现

图2-37 开襟的设计表现

三、腰位的类型与画法

女装始终围绕着女性三围曲线变化展开，腰部作为女性性感表现部位之一，一直是女装设计的重点主题。腰部不仅作为固定服装的重要部位，也是体现女性曲线美的关键部位。腰线高低的变化，可引起视觉中心的上升或下移，使服装产生不同的风格（图2-38）。按照腰部结构形态特点，可以划分为高腰线、自然腰线和低腰线。

1.高腰线

高腰线是指腰线明显高于自然腰节，通常在胸部以下至肚脐以上的范围，目的是为了提高腰线，拉伸腿长，具有修饰身材比例的特点（图2-39）。高腰服装通过腰线的提升，使女性下肢视觉上被拉长，显得更加修长纤细。高腰设计常用于高腰阔腿裤、高腰裙。

2.自然腰线（中腰）

自然腰线以肚脐为准，上下各2.5cm左右的范围都属于自然腰线。自然腰线符合基本收腰的需要，针对一般女装都很实用，能够使女性具有端庄自然之感（图2-40）。

3.低腰线

低腰线位于肚脐以下5cm左右，围绕胯部作为视觉中心，展现轻松随意的味道（图2-41）。

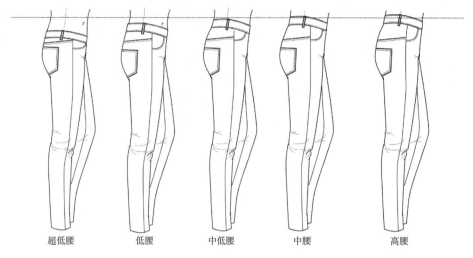

超低腰　　低腰　　中低腰　　中腰　　高腰

图 2-38　腰线的结构形态

图 2-39　高腰的设计表现

图 2-40 中腰的设计表现

图 2-41 低腰的设计表现

第三节 细节设计表达

一、衣领的表情与画法

衣领部位距离面部最近,具有修饰脸型的功能。衣领设计是服装的一个亮点,尤其是在上装设计中能起关键作用。衣领

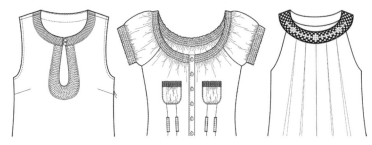

图 2-42 圆形领的设计表达

图 2-43 鸡心领的设计表达

图 2-44 凹形领的设计表达

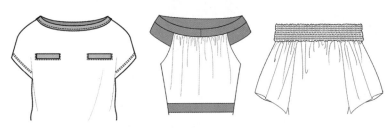

图 2-45 一字领的设计表达

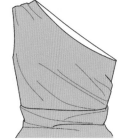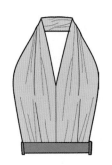

图 2-46 挂肩领的设计表达

的高低、领线的形状、翻折的变化、领圈的宽窄等,可以形成风格迥异、各具特色的款式。由此可见,领子的设计和绘画是服装款式图的第一步。

常见的领型有圆领、鸡心领、凹形领、一字领、挂肩领、荡领、立领、平翻领、西服领、风衣领。

(1)圆领:指领口呈半圆形的领型,是最简洁的一种领型,看起来随意和中性,适应的人群范围广,能给人一种轻松自由的感觉。最为普及的款式即圆领T恤,也适合休闲装、保暖衣和套装的设计(图 2-42)。

(2)鸡心领:呈"V"字形,根据设计的需要,可变化领口的宽窄、领深的高低,从而产生不同风格的 V 形,给人很强的角度感(图 2-43)。V 形领能拉长颈部的视觉感,让脖颈显得修长,脸颊显得窄小。深 V 领更有将视线引入胸部曲线的作用,带来恰到好处的性感妩媚。鸡心领也称为桃形领,是 V 形领的一种,领口呈鸡心形状,即下部尖、上部成圆弧状,一般以毛衣为多。

(3)凹形领:领口形似"U"字,凹形成直线构成时也称为方形领。凹形领领口较宽,领口下线平直,脖颈开阔,裸露较大(图 2-44)。这种领口设计可减小肩宽,拉长颈部,给人一种大方开朗的感觉。

(4)一字领:领口线看上去像一条水平线,横向直线打开(图 2-45)。这种领型容易让人的视线集中在领口线以上的脖颈和肩线处。一字领的领宽是设计的关键,当领宽开得很大时,会露出整个肩部,变成挂肩领,更显性感(图 2-46)。

(5)荡领:是指服装领部在胸前垂褶荡起的衣领,是根据其领线自然下垂

呈皱褶状而命名的（图2-47）。合体衣领以平衡、合体、无皱褶为设计目标，而荡领却反其道行之，它是以前领荡开、不平、呈自然下垂皱褶为美感的设计。

（6）立领：是一种将领片竖立在领围上的领型，又称竖领。立领风格端庄、典雅，具有东方情趣美。立领结构所涉及的重要因素有：领窝形状，领片的侧倾斜角，领片前部造型，领座的高低。

立领分贴颈式立领和离颈式立领两种形式。贴颈式立领的领上口线长度小于领围线长度，着装后领子比较适合脖颈中部较细处，且为了照顾颈长，领窝线设计的较低。离颈式立领近似于圆柱体，展开呈矩形，高度在超过下颚时要考虑加大领上口弧线长度，使领子上口适体。由于人体领部前倾，前下领向前探出，因此领子一周高度不宜相等，最好后领宽高于前领宽。

一般情况下，立领高度最低不小于1cm，女装最佳在3~5cm。也有特殊款式的扇形领，前低后高至脑后超过头顶，如伊丽莎白领。除了以上三种形态外，男士礼服衬衫的双翼领、系蝴蝶结的带形领、卷筒领也都属于立领的范畴（图2-48）。

（7）平翻领：也称坦领、扁领，特点是没有领座（领台），翻折很小，领子平服，前领面自然地服帖于肩部和前胸，后领折叠服贴在后背上。

在平翻领设计中，如果想稍微增加一点领座，可以缩小领外口弧线的尺寸。相反，如果打开领外口追加领外口弧线长度，则完全没有领座，领子在外口处呈波浪形，如无领座的荷叶领等。

平翻领的设计变化多种多样，相对自由，常见样式有海军领、披肩领、荷叶领、波浪领（图2-49）。

海军领指海军将士们军服的领型，其领子为一片翻领，前领为尖形，领片在后身呈方形，前身呈披巾形的领型。

披肩领是领片巨大、披在肩部甚至包裹着肩头的大型衣领。其横开较宽，前中心挖得较浅。

荷叶领是领片呈荷叶边状，波浪展开的领型。

波浪领是将布料抽缩或弯曲而形成的波浪形褶的衣领。

（8）西服领：是使用最广泛的一种翻驳领，它由领子和驳头两大部分构成（参见图2-34）。驳头的长短、宽窄和方向都可以变化，例如，驳头向上为戗驳领，向下则为平驳领，变宽比较休闲，变窄则比较时尚。此外，驳头与领子相连的位置、驳头止口线的位置等对领型都会有很大的影响。小驳领比较优雅秀气，大驳领比较粗犷大气。搭门的宽度也可以得到不一样的效果，有单排扣领型和双排扣领型之分。

西服领可根据驳头的形式分为平驳领、戗驳领、青果领；

图2-47 荡领的设计表达

图2-48 立领的设计表达

图 2-49 平翻领的设计表达

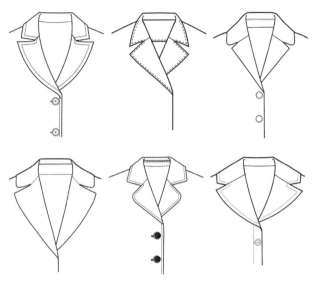

图 2-50 西服领的设计表达

图 2-51 风衣领的设计表达

图 2-52 两片袖是应用最广泛的袖型

图 2-53 西装袖（两片式装袖）的形态

根据领角的大小分为圆角领、方角领；领子的宽度和深度也可带来很丰富的设计变化（图 2-50）。

（9）风衣领：比西服领多了一个立领结构，即在领子和驳头之间增加了立领，使领子增加了可竖立可翻折的两用功能。防风雨时，风衣的领面需要经常立起，所以面翘增大，领面外围线容量大而立领翻折方便，赋予了领部更大的实用性（图 2-51）。

二、袖与衣身的关系

袖子是服装包覆手臂的部分，它的造型是服装款式变化的重要内容。设计袖型时，不仅应考虑符合人体上肢的结构及上肢的活动需要，袖身的造型更要与衣身的造型相协调、相连贯，使服装产生统一的风格。绘制袖子时，首先要分析袖子的基本造型，理解袖部结构是最重要的因素。影响袖子结构的变化取决于袖山高与袖肥之间的关系，具体表现在袖山高低、袖窿大小、袖筒造型、袖的长短、袖口形式等成型位置。设计中经常使用的袖型有两片袖、一片袖、膨鼓袖、插肩袖、连身袖、翼袖、披肩袖等。

1. 两片袖与衣身的关系

两片袖属于装袖（图 2-52），是西装设计中应用最广泛的袖型（图 2-53）。这种袖型的外观特征是肩部棱角分明，袖山较高、外观挺括利落，具有较强的立体感，其造型变化主要是袖山、袖肥及袖口装饰等处的变化。

2. 一片袖与衣身的关系

一片袖也是装袖的一种，其特点是袖山矮，袖窿阔，袖片平坦松散，看上去宽松、舒展、自然，常应用在衬衫、夹克、大衣上，俗称衬衫袖（图 2-54、图 2-55）。

3. 膨鼓袖与衣身的关系

膨鼓袖的结构仍属装袖，是一种袖山高耸，袖山头呈很大空间量的袖型（图2-56）。影响膨鼓袖的主要因素是袖山的膨鼓量，当袖山随着袖窿边缘捏出碎褶令袖子上部有空隙，称为泡泡袖；当袖山头利用大量褶裥使袖子顶端膨胀起来，袖根部极为宽大蓬松时，称为羊腿袖（图2-57）。

4. 插肩袖与衣身的关系

插肩袖是一种介于连身袖和装袖之间的袖型，其特征是将袖窿位置由肩头转移到了领口附近，使肩与袖连为一体，视觉上增加了手臂修长感，机能上增大了活动幅度，因此运动装多采用此袖型。插肩袖还具有穿着合体、舒适的特

图 2-54 一片式装袖的形态

图 2-55 一片袖的各种形态

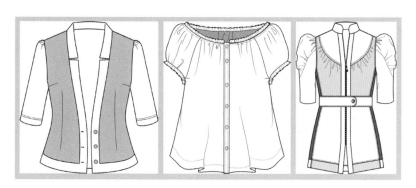

图 2-56 膨鼓袖的各种形态

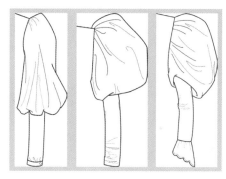

图 2-57 羊腿袖的表现

点。经常用于大衣、风衣、外套的设计中（图2-58）。

插肩袖的缝线走向有多种变化，可呈抛物线形、肩章形等。插肩袖的分割线可根据不同的设计效果而变化。为使其穿着舒适，插肩袖会在腋下加放松量。

插肩袖的袖身分割线有两种情况（图2-59）：第一种是袖片通过从腋下至前后领圈，这条连接线是斜的，属于传统插肩袖；第二种是袖片延伸到领圈，但分割线并未经过腋下，而是走向衣身，使手臂、肩膀和侧身形成一个结构，这时的连接线是介字形，属于新式插肩袖。设计时需确定好袖片的斜度、袖片与腋

图 2-58 常见的插肩式袖型

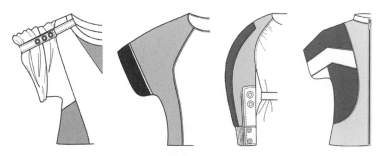

图 2-59 袖身分割线发生变化的各种插肩袖款式

窝形成的角度以及连接线的结构。

5. 连身袖与衣身的关系

连身袖的衣身和袖片连在一起裁制而成，这是起源很早的一种袖型，也是东方民族服装的一种独特造型，我国传统服装多采用这种袖型。连身袖的特点是没有袖窿线，呈平面形态。由于没有人工的拼接线缝，肩部平整圆顺，有浑然一体、天衣无缝的感觉，但腋下处往往不合体，出现衣褶堆砌的情况。这种袖型缝制简便，现有的连身袖有一字袖、蝙蝠袖、和服袖等（图 2-60）。

在服装款式图表现中，一般以铺平袖身的方式呈现连身袖的结构特点，同时还要注意连身袖的伸展角度。连身袖型同样有丰富的变化，有的肩线与袖身呈一条水平线；也有的肩线与袖身有一定的倾斜角度，显得肩部平滑圆润；还有一种连身袖具有立体构成的意味，袖子腋下部分进行结构处理从而达到合体的程度。

6. 翼袖与衣身的关系

翼袖也称为连身式袖型，外形像鸟类的翅膀，短袖为主，袖片自然搭在肩部，没有袖窿结构，多用在夏季童装和女装中（图 2-61）。

7. 披肩袖与衣身的关系

披肩袖也称为斗篷盖肩袖，也是没有袖窿接缝，直接从肩部连接成袖，袖身面积较大，能够覆盖人体躯干和手臂部分，常用于宽松式的服装（图 2-62）。

8. 袖端与衣身的关系

袖端有开放式和收紧式，变化繁多（图 2-63）。商务装的袖端造型相对固定，常用于西装、外衣的是无克夫、带开衩、挖扣眼的袖端，而有袖头（克夫）、袖褶、袖衩（宝剑头）的是衬衫袖端，法式衬衫的双叠袖和袖扣亦是最大特点。

夸张的喇叭袖端属开放式，上紧下阔，有浪漫飘逸的特点。灯笼袖和马蹄袖的袖端则属收紧式，袖口采用扣

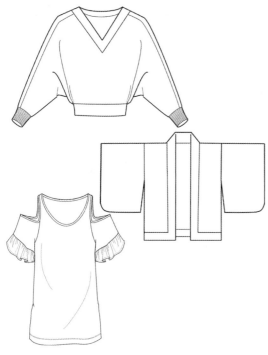

图 2-60　常见的连身式袖型

图 2-61　翼袖的形态

图 2-62　披肩袖的形态

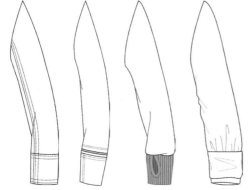
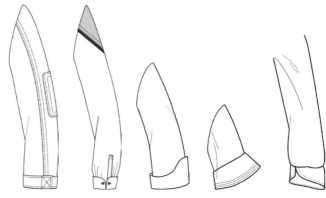

图 2-63　袖克夫的设计表达

结、开衩、松紧带等工艺将袖身余量收紧，令袖身出现丰富的褶裥效果，形成温馨、浪漫、女性化的感觉。另外，在袖端施以不同的工艺，运用细褶、绣花、纽扣、花边、结带，也可营造丰富的效果（图2-64）。

三、功能性零部件设计

口袋是服装的主要附件，且常居于明显部位。它不仅能提高服装装物放手的实用功能，也是装饰服装的重要元素，对服装的整体布局起一定的作用。口袋的大小和位置要注意与服装的相应部位协调，运用口袋的装饰手法很多，要与整体风格协调。另外，口袋的设计还要结合材料特征和功能要求一起考虑。

根据口袋的结构特征，可分为开袋、贴袋和插袋三种类型。

1. 开袋

开袋是开口在服装的表面，而袋布却藏在服装的内部。服装表面的袋口可以显露，也可以用袋盖掩饰。开袋造型变化相对简单，重点在对袋口或袋盖的装饰上。袋口可挖成直线、曲线等，可做成单嵌线、双嵌线、板条状等形状，又可以加上袋盖或不加袋盖。因此，绘制开袋时主要画好开袋袋口或袋盖在服装中的位置、基本形态以及缝制和装饰袋口、袋盖的工艺特征（图2-65）。

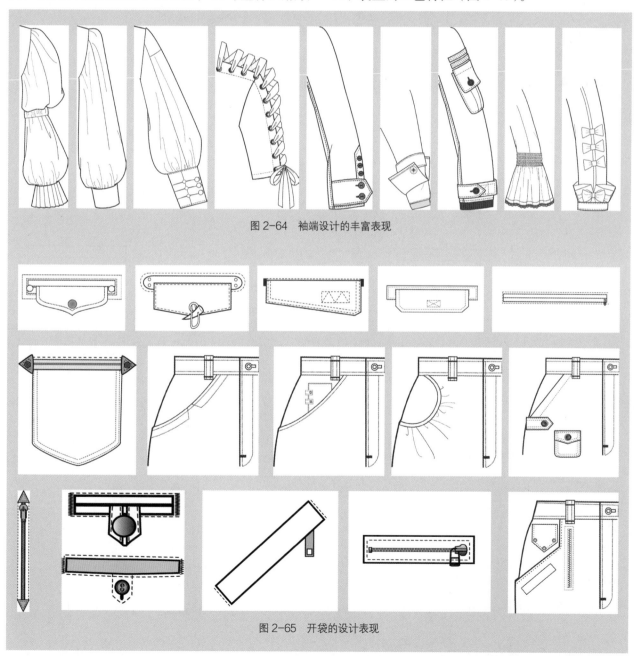

图2-64 袖端设计的丰富表现

图2-65 开袋的设计表现

2. 贴袋

贴袋是贴缝在服装表面的口袋，是所有口袋中造型变化最丰富的一类，如中山装和衬衫上的口袋。绘制贴袋时，除了要注意准确画出贴袋在服装中的位置和基本形态以外，还要注意准确地画出贴袋的缝纫工艺和装饰工艺的特征。根据制作方法，贴袋分为平面贴袋、立体贴袋、贴挖结合口袋。大多数贴袋由于全部构件都暴露在外，所以装饰强烈，变化范围大，其袋位、袋状、袋口、袋盖均可进行变化（图2-66）。

3. 插袋

利用衣片结构间接缝形成的口袋称为插袋。插袋袋口比较隐蔽，表面并不容易发现，可缝制于侧缝、公主缝或育克缝上，是口袋造型变化最小的一类。插袋的画法很简单，关键是要注意利用袋口两端的封口表现口袋的位置与大小（图2-67）。

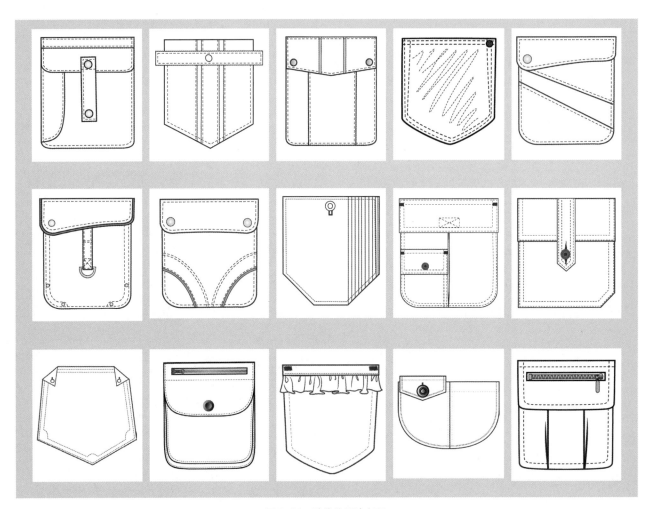

图 2-66　贴袋的设计表现

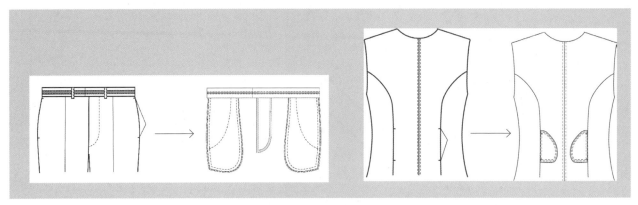

图 2-67　插袋的设计表现

第四节　风格设计表达

一、服装风格的类别与表现

理解服装风格对画服装款式图非常有帮助。风格是服装的灵魂，也是指导服装设计得以落实的主旨。在绘制服装款式图时，对风格特征进行强调，将有助于表达其风格的元素加以突出，对不利于风格表达的元素则进行削弱，从而突出服装的个性特征，不流于平庸。因此，分析服装的风格及其绘制要点，是画好服装款式图的关键。

服装风格十分多元，风格特征的形成与服装廓型、结构线、零部件、装饰细节等细分元素密不可分。这里主要研究当今最有代表性的十种风格：经典风格、中性风格、浪漫风格、田园风格、运动风格、民族风格、都市风格、街头风格、简约风格、未来风格。

1. 经典风格

经典风格是指那些经久不衰的经典样式和不被流行左右的传统样式，通常款式较保守，造型稳重、传统，廓型为标准的 X 形、Y 形、A 形、H 形，板型端庄大方，结构线设计偏于常规，面料以单色和传统格纹为主，属于基本款。经典风格多用于职业装和礼仪装（图 2-68）。

2. 中性风格

所谓中性风格，就是无显著性别特征，完全颠覆了传统观念中女性应有的阴柔之美，而表现出男性稳重、力量、潇洒的阳刚之美（图 2-69）。如

（a）莉娜·霍希克（Lena Hoschek）经典风格大衣

（b）马丁·格兰特（Martin Grant）经典风格连衣裙

图 2-68　经典风格大衣 / 连衣裙

（a）亚历山大·王（Alexander Wang）中性风格西装

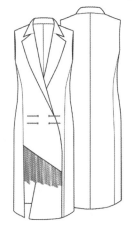

（b）索尼娅·里基尔（Sonia Rykiel）中性风格连衣裙

图 2-69　中性风格西装 / 连衣裙

今，中性服装已经演变成女性硬朗有主见的表征，廓型以 H 形、Y 形、倒三角形为代表，没有修腰，线条硬朗，外形方正，采用细小条格、千鸟格等男装纹样，装饰简洁，让女性刚柔并济，展现了另一种潜在的气质。中性风格常出现在西装、衬衫、裤子等正装中。

3.浪漫风格

浪漫风格以甜美优雅深入人心，也称为瑞丽风格（以日本时尚杂志命名），最大的特点是甜美、梦幻。浪漫风格的服装采用轻薄飘逸的面料，追求层次感强的垂坠廓型，外形随意、潇洒，装饰十分

繁复，大量使用荷叶边、蝴蝶结、褶皱等元素，尽量加强温柔、柔美、轻盈、性感等特点。浪漫风格常用于裙装、上衣和礼服中（图 2-70）。

4.田园风格

田园风格崇尚自然，追求不加虚饰的淳朴之美，以明快清新，具有乡村风味为主要特征。在服装上表现为宽大的廓型，舒松的款式，穿着舒适，具有较强的活动机能。常见小方格、均匀条纹、碎花图案、小花边等乡村元素，并融入大量手工传统，装饰粗犷、质朴，只选用棉、麻、毛类的天然材质，用于日常服装和家居服（图 2-71）。

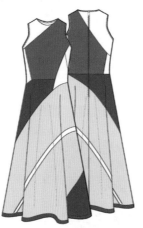

（a）乔纳森·西姆凯（Jonathan Simkhai）浪漫风格连裙　　　　　　　（b）爱丽丝·麦考尔（Alice Mccall）浪漫风格上衣

图 2-70　浪漫风格连衣裙/上衣

（a）爱丽丝＋奥莉维亚（Alice+Olivia）田园风格连衣裙　　　　　　（b）扎克·珀森（Zac Posen）田园风格连衣裙

图 2-71　田园风格连衣裙

5．运动风格

运动风格的服装在借鉴运动设计元素的同时，越来越多地和流行元素结合到一起，既强调功能性和舒适性，也注重时尚性，成为充满活力、穿着面

较广的一种风格。运动风格以运动装的廓型为主，板型符合人体工学的需要，重视功能部件的设计，装饰细节也带有运动感，常用于休闲装和户外装（图 2-72）。

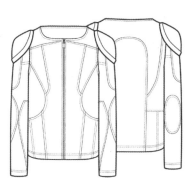

（a）爱·莫斯奇诺（Love Moschino）运动风格夹克

（b）坦尼娅·泰勒（Tanya Taylor）运动风格背心

图 2-72 运动风格夹克和背心

6.民族风格

借鉴少数民族或民俗服装元素诠释现代服饰的服装样式，带有强烈的民族特征。这一风格的服装或是对传统民族服饰进行适当改良和调整，保留大部分原貌；或是重新设计出异域风情的时装，使传统与时尚相互融合。民族风格的服装多是平面结构的长款廓型，装饰层层叠叠，以褶裥与饰品为主。民族图案作为展现民族感的重要元素，采用编织、染色或手工艺刺绣制成。民族风格多用于日常服装（图 2-73）。

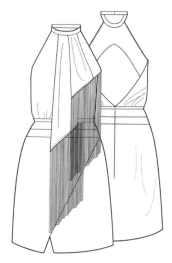

（a）艾莉·萨博（Elie Saab）民族风格连衣裙

（b）J.孟德尔（J.Mendel）民族风格连衣裙

图 2-73 民族风格连衣裙

7.都市风格

都市风格具有现代设计元素特征，从现代设计视角出发，符合快节奏生活和都市流行文化。都市风格的服装通常样式变化丰富，时尚感极强，是时尚都市人士最普遍的着装风格。服装讲究简洁的设计语言，廓型跟随流行趋势变化明显，崇尚简洁大方的装饰，常用于日常时装（图 2-74）。

8.街头风格

街头风格是前沿流行文化的集中体现。表现在服装上，打破传统和经典的设计，追其新潮和个性，从迷你裙到朋克装，前卫、叛逆、混搭、年轻，带一点颓废和摇滚，力图营造标新立异、个性鲜明的形象，这种风格的服装设计造型夸张，样式超前，廓型或超大，或超小，装饰新奇别致，采用面料拼接、撞色设计、夸张部件、破坏重组等工艺与技术，构成夸张新奇的主题（图 2-75）。

9.简约风格

简约风格是一种减法设计，服装款式简洁、精炼，造型干净利落，尽量减少装饰，取消花哨的图案和烦琐的配饰，使用无图案、微型图案或超大单一的图案，面料保持本身美感，不使用印花、刺绣、镶珠等工艺，在外形、轮廓和细节各方面都做到简约（图 2-76）。

（a）库什尼·奥克斯（Cushnie Et Ochs）都市风格连衣裙　　　　（b）维卡·卡金斯卡娅（Vika Gazinskaya）都市风格西装

图 2-74　都市风格连衣裙和西装

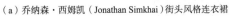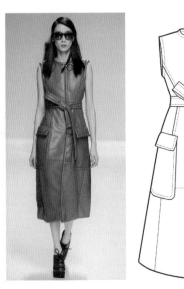

（a）乔纳森·西姆凯（Jonathan Simkhai）街头风格连衣裙　　　　（b）斯宝麦斯（Sportmax）街头风格连衣裙

图 2-75　街头风格连衣裙

（a）乔希·古特（Josh Goot）简约风格连衣裙　　　　（b）扎克·珀森（Zoe Jordan）简约风格连衣裙

图 2-76　简约风格连衣裙

10. 未来风格

未来风格主要表现诸如太空幻想、极地探险、互联网、集成电路、激光技术等融入高科技时代的前沿技术，服装廓型夸张，以茧形、A形、紧身形或超大形为特点，结构呈流线形和交叉线形，夸张肩部、胯部等局部造型，面料或硬朗或轻薄，增加涂层处理、光泽感、膨胀感的效果，机械感，无传统性装饰，整体外观简洁精练、干净利落，追求新潮、前卫的风尚（图2-77）。

二、装饰语言的表达方式

对装饰的表达在绘制款式图时往往不被重视，但服装上的装饰却是设计的重头戏，不能忽略它的存在。在现代服装中，装饰的种类和技法千变万化，使服装语言变得更加丰富，更具感染力，同时还能突出服装的个性风格。例如，简约风格的服装以简洁的分割线作装饰，民族风格的服装常用刺绣、盘珠等手工艺装饰，前卫风格的服装擅长新装饰材料，装饰形态夸张大胆。装饰语言为服装提供了更为广阔、丰富的表现空间。装饰不仅作为增强服装视觉感受的重要元素，还可以在视觉上产生层次和布局的变化，在服装造型上起到强化体型、引导视线的作用（图2-78）。

服装的装饰语言可归纳为图案设计、肌理再造、附加装饰三种形式，在画服装款式图的过程

（a）穆勒（Mugler）未来风格连衣裙

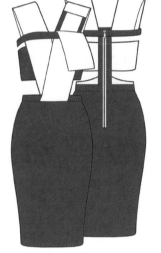

（b）索尼娅·里基尔（Sonia Rykiel）未来风格连衣裙

图2-77 未来风格连衣裙

（a）阿拉·罗斯（A La Russe）

（b）艾莉·萨博（Elie Saab）

图2-78 装饰产生层次的变化

中，要注意表达清楚，对装饰的位置、形态以及工艺都一目了然。

图案是服装上使用最多的一种装饰形式，可以通过印染、手绘、扎染、蜡染、刺绣等工艺来实现。图案具有美化、修饰甚至矫正视线的功能，利用视幻和视差的效果来掩盖人体的不足之处，从而发扬服装的艺术美感（图2-79）。

按图案的形态分，有写实的、变形的、具象的、抽象的、视错觉的图案。按构图的形式分，有单独式、角隅式、适合式、边饰式、连续式图案。按装饰题材分，有植物、动物、人物、风景、器物、文字、自然现象、几何以及由多种题材组合或复合的图案。

服装图案的内容无所不包：规律性强的几何图案，包括条纹、格纹、千鸟、点阵、犬牙、菱形、曲线等，保持特有的组织美感，符合商务一族的格调。花卉、植物适合表现服装的浪漫、清新风格，动物纹中的虎纹、豹纹、蟒纹展示野性、豪放的性感服装，马、狗、猫类的图案用于田园、自然风格的服装，而飞鸟、蝴蝶、蜻蜓等飞禽和昆虫是可爱、秀丽服装的常用装饰。从自然风光到都市建筑的情景式图案，近年来以数码印花的方式广泛运用在服装上。人物肖像、卡通漫画、字形图案常被采用各种变形手法进行装饰，是街头类或休闲类服装常用的素材。

图案装饰的位置是绘制服装款式图的关键，设计图案位置时要充分考虑服装的风格，图案的布局要贴切款式，更需契合结构。服装的前胸部位都是图案的重要装饰位置，胸部宽阔突出容易形成装饰中心，是美的视线所在，装饰得当会呈现平衡、稳定的视觉效果。假使将图案下移到腰腹位置，原有的视觉效果就会完全不同，造成腰部宽大、腹部隆起的视错觉，以致产生幽默或丑化的印象。所以，成功的服饰图案，其装饰位置的选择至关重要。

面料的肌理再造也是服装款式图的表现重点之一，虽然大多数服装款式图并不需要体现面料质感，但在面料表面添加额外装饰的肌理再造方法，则需要在服装款式图上体现出来（图2-80）。传统的肌理再造形式是用布、线、针及其他有关材料和工具，通过绗缝、拼贴、堆积、层叠、填充、抽纱、镂空、缀补、打褶、扳网、花边、滚边、编结、编织等手工技法与时装造型相结合，以达到美化时装的目的。

随着街头风格的流行，破坏性的肌理再造越来越深入人心而广受欢迎，让人有意想不到的设计感（图2-81）。破坏性设计是通过撕扯、剪切、磨刮、做旧、水洗、剪刀剪、手撕、火烧、抽纱、打磨、化学制剂腐蚀等方式在完整的面料上进行强力破坏，打破面料原有的光洁感，使其留下具有各种裂痕的人工形态，改造成被破坏后的新的肌理效果。这些操作方法并不难，且随意性强，但效果强烈，极具表现张力。

附加装饰是通过立体花、钉珠、镶坠等工艺或者纽扣、拉链等零部件的装饰，在服装上附加材质以起到装饰效果的设计处理（图2-82）。

（a）彼得·皮洛托（PETER PILOTTO）　　　　　　（b）卡洛琳娜·海莱娜（Carolina Herrera）

图2-79　图案装饰

（a）莲娜·丽姿（Nina Ricci）　　　　　　　　　　（b）彼得·皮洛托（PETER PILOTTO）

图 2-80　肌理再造

（a）马克·雅克布（Marc Jacobs）　　　　　　　　　　（b）莲娜·丽姿（Nina Ricci）

图 2-81　街头风格

（a）H&M　　　　　　　　　　　　　　　　　（b）维尼特·巴（Vineet Bah）

图 2-82　附加装饰

三、大师经典作品摹本训练

回看近现代服装史，本身就是一部充满"实验"的大师作品史。高定之父查尔斯·弗莱德里克·沃斯（Charles Frederick Worth）经过剪裁实验，成为"公主线"时装的发明者，由此首创了西式女套装。保罗·波烈（Paul Poiret）在高定中的实验部分更为强烈，他推翻和打破了以往传统的紧身服装，提高腰节线，衣裙狭长，较少装饰，解脱了束缚的女性躯体，包含着一种实验的革命性，西方史学家称他为"20世纪第一人"。可见，大师作品的核心价值就是实验精神。

初学阶段以大师经典作品为摹本进行服装款式图绘制训练是很有必要的，通过一段时间的训练，对服装比例的拓展认知、服装与人体空间关系的探索都会有理解和掌握，以后便可以摆脱常规的束缚，进行设计的探索、材料的探索、语言的探索以及观念的探索了（图2-83、图2-84）。

每个举起时代旗帜的大师，在当时都怀揣实验的精神；他们的作品，当时也都可以被称为"实验"品。如果没有布鲁默夫人（Amelia Bloomer）在美国首穿裤装（来自土耳其的灯笼裤样式），我们今天可能还会把宽大的裙裾设想为最理想的形象；如果没有玛德利·维奥内（Madeleine Vionnet）夫人首创的斜裁技术，为高支绸缎添加里衬的实验，就不会有今天的修身礼服；如果没有精通造桥技术的工程师安德莱·克莱究（Andre Courriges）对改变体形比例的实验，就没有今天"迷你裙"的使用；如果没有克里斯汀·迪奥（Christian Dior）在20世纪50年代对服装"廓型"的实验，也就没有意大利设计师奇安弗兰科·费雷（Gianfranco Ferre）和法国设计师斯特凡·罗兰（Stephane Rolland）（图2-85）充满奇思幻想的天才造型，这些如艺术品般的造型来自建筑与雕塑，本身也是空间想象力的实验成果。

显然，领先实验设计的大师，都渴望设计的创新和反叛，使设计内容不局限于某一方面，而不只是华丽的礼服。麦昆（McQueen）对鸟类

图2-83 亚历山大·麦昆（Alexander McQueen）经典作品-1

图2-84 亚历山大·麦昆（Alexander McQueen）经典作品-2

形象的迷恋是这童年印记的不断再现，他的哥哥在纪录片中说，他小的时候常常把自己一个人关在房间里，花好长时间趴在窗台上观察鸟类飞翔的姿态。用翅骨制作的标本头饰，从彩虹渐变色印在丝绸上的羽毛图像，红色蝴蝶头饰，鹰翅展开的肩部装饰，羽毛涂满金色后制作成包身样式的外衣，雄鸡羽毛的发饰，鹅毛喷色后做成上衣，小羽毛的礼服饰边和大羽毛的帽饰，鹅毛染色的礼裙，鸵鸟毛的裙身和乌鸦头饰，鸟形头饰、黑色蕾丝做成的羽毛形态的头饰（图2-86、图2-87）。这些都是McQueen从鸟类作出发，由此及彼，逐渐扩大丰富构思的设计实验。

服装设计是一种造物的过程，设计师对衣料的性能、裁剪方法和制作技术等实际操作要有足够的认识，否则服装款式图的绘制将会不切实际。

McQueen18岁就在萨维尔定制街学习剪裁制衣，扎实熟练的结构知识和剪裁技术，日后成了他设计生涯的无穷力量。受后现代主义、有机设计、结构主义等当代设计思潮的影响，McQueen在服装造型的实验上屡屡获得巨大革新（图2-88）。

McQueen对借鉴素材的再创造，成为他宝贵设计遗产中的核心。McQueen曾从印度、中国、非洲、日本和土耳其等国的历史文化和服饰中汲取灵感，融入自己的设计。图2-89中这件2008年秋/冬红色A字形大礼服，是"树上少女"系列中的一款。McQueen在萨塞克斯郡东部乡间居所看到一棵老榆树所萌发的奇想：女孩身裹黑色素衣，当她遇见王子，从树上下来，摇身一变成为高贵公主。这一款则是高贵公主的化身。McQueen结合此前他在印度的游历，大量运用印度繁复的手工刺绣，这也

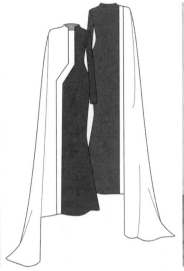

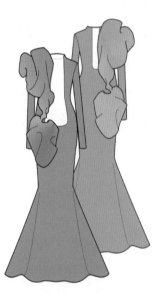

图2-85 斯特凡·罗兰（Stephane Rolland）经典作品

图2-86 亚历山大·麦昆（Alexander McQueen）经典作品-3

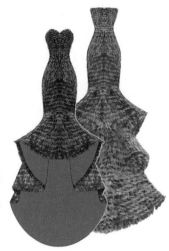

图 2-87　亚历山大·麦昆（Alexander McQueen）经典作品 -4

图 2-88　亚历山大·麦昆（Alexander McQueen）经典作品 -5

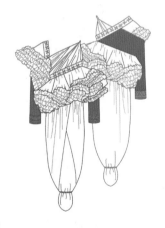

图 2-89　亚历山大·麦昆（Alexander McQueen）经典作品 -6

成为他作品中唯美梦幻的一季。

　　McQueen 勇于拿高科技技术做实验，并以历史和民族话题作为起点。比如，他对苏格兰民族服饰格子裙的变异和对文艺复兴油画的诠释（图 2-90），诗意般的孔雀时装（图 2-91），用日本民俗和游戏为灵感的现代时装（图 2-92），创作的麋鹿角头饰和以贝类为素材的女装（图 2-93），以伊丽莎白一世的羊腿袖为原型设计的女裙和用解构法再造裙撑的新形态（图 2-94），还有茂盛宛如真物的花卉标本礼服（图 2-95），都提醒人们"形式可以改变和完善身体，并影响到情绪"。设计师的好奇心，驱使设计走向未知的领域，"实验"恰恰是为了寻找改变的可能性，当越来越多的实验被普遍应用，就逐渐积淀成了人类的衣装文明。

图 2-90 亚历山大·麦昆（Alexander McQueen）经典作品 -7

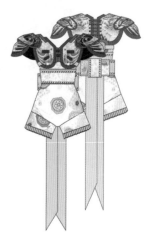

图 2-91 亚历山大·麦昆（Alexander McQueen）经典作品 -8　　　图 2-92 亚历山大·麦昆（Alexander McQueen）经典作品 -9

图 2-93 亚历山大·麦昆（Alexander McQueen）经典作品 -10

图 2-94 亚历山大·麦昆（Alexander McQueen）经典作品 -11

图 2-95　亚历山大·麦昆（Alexander McQueen）经典作品 -12

因为服装的实验观念不断被开拓，有的设计师利用材料与特定造型相联系的地方，打破服装同生活的界限，因材施艺，探求服装设计材料的无限化。Viktor&Rolf 不断给服装提供新的语言，立体主义、达达主义等诸流派风格都在白色如立体纸张的服装上进行着轰轰烈烈的演变，拓展着材料本身的视觉形式美（图 2-96~ 图 2-99）。

在 Viktor&Rolf 将精力全部聚焦于高定之后，我们看到的是设计师对综合材料的探索。对于 Viktor&Rolf 而言，没有任何服装是按照它们已有的外表那样存在的，"Wearable Art"高定系列足以证明设计师对综合材料属性的迷恋，20 套帆布与

图 2-96　维克多·罗夫（Viktor&Rolf）经典作品"电锯惊魂"系列

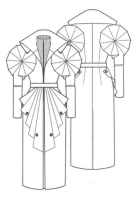

图 2-97　维克多·罗夫（Viktor&Rolf）经典作品 -1

牛仔制作的"画框"装（图2-100），在现场被有条不紊地拆装成服装，然后又还原成画作本来的模样，每件服装都蕴含着超现实的怪诞元素，拓展了服装对材质表现的想象力。

图 2-98 维克多·罗夫（Viktor&Rolf）经典作品 -2

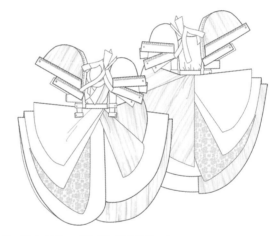

图 2-99 维克多·罗夫（Viktor&Rolf）经典作品 -3

图 2-100 维克多·罗夫（Viktor&Rolf）经典作品 -4

本章小结

1. 根据服装不同廓型的特征将款式进行分类，有利于读者从整体上把握不同服装款式图的造型特点。

2. 在加强整体认知的同时，又对服装构成元素进行了细致分析，展示了内结构线、敞闭方式和腰位的结构要素、造型特点以及绘制步骤等。

3. 继续对细节构造进行深入学习，包括衣领、袖、零部件的设计。

4. 图例丰富，正反面举例相结合，结合服装风格分析、装饰语言分析与大师经典作品训练，对于初学者的能力培养有着积极的意义。

思考题

1. 服装的廓型有哪几种？它们各自的特点是什么？

2. 练习结构设计和细节设计的画法（要求：造型准确，线条圆顺流畅）。

3. 练习各种款式风格的画法（要求：造型准确，线条圆顺流畅）。

应用实践

第三章　成衣款式图设计表达

课　题　内　容：女装款式图设计表达、男装款式图设计表达、童装款式图设计表达、特定品类服装款式图设计表达

课　题　时　间：8课时

教　学　目　的：通过对女装、男装、童装和四个单项款式图详细的分类和讲解，学生将更为系统、完整地学习服装款式图技法。本章选取了一些极具实用性服装样式，如内衣家居服、运动户外服、皮草服装和行业制服作为单项深度解析，针对其款式变化和造型特点做了详细阐述。通过本章的学习，学生应当能够快速把握各类服装的款式特点，准确绘制不同类型、不同风格和不同面料的服装款式图。

教　学　方　式：本章以理论讲解与实际绘图训练结合的方式进行教学。课题教师选取大量的实例图片制成 PPT 文件，以文字结合图像介绍的方式，对本章知识点进行视觉化的演示，强化对学生不同类型服装的款式图范例的认识。课题教师可以要求学生选取不同样式和材质的女装、男装、童装和单项服装类别进行大量的绘图练习，练习完成后，教师应当及时讲评，与学生进行交流答疑。

教　学　要　求：1. 分析女性体形特点和女装流行趋势，结合实例讲解女装款式图的设计与表现。

2. 分析男性体形特点和男装主要风格，结合实例讲解男装款式图的设计与表现。

3. 分析儿童和青少年体形特点，结合实例讲解童装款式图的设计与表现。

4. 分析不同类别的服装品种，解读其绘制要点，使学生通过训练达到对各类特殊服装的准确表达。

课前（后）准备：教师需要整理各类款式图作品，在课程中结合图例进行具体讲解。除了本书中各类典型案例之外，教师应当寻找更多适合课堂教学的经典时尚造型以供服装款式图绘制训练的需要。

第一节　女装款式图设计表达

女性的标准外形呈 X 形，身材较男性矮小瘦削，肩部较窄，胸廓较小，乳房突出，腰节偏长，腰围较细，臀部较宽，四肢纤细，骨骼不太明显，有着与男性阳刚、强健不同的娟秀体态。女性的体态特征直接影响了女装款式的构成。女装极尽所能表现女性的纤柔之感，对装饰性的重视大于功能性，在设计上不断变化创新、标新立异，现代时装主要指女装（图 3-1）。

女装按年龄进行分类，包括青年女装（淑女装）、中青年女装（熟女装）和中老年女装。青年女装指 18~30 岁年轻女性的服装，这一阶段女性的体形发育成熟，身材逐渐丰腴，是对流行最为敏感、对着装最强烈的穿衣一族。她们通过选择性别特征明显、以突出优美身段的时装来表达自己的个性和品位。中青年女装是指 31~50 岁成年女性的服装，40 岁之前的女性更为丰满、体形流畅，40 岁以后的女性有发胖的趋势，所以这个年龄段的女装要求是造型合体而简洁，稳重、优雅，讲究服装的秩序感。中老年女装是指 50 岁以上女性穿的服装，这个阶段的女性对流行事物不再感兴趣，着装上更喜欢沉稳、严谨而保守的风格，造型要求宽松舒适，并能修正逐渐驼背弯曲的体态。

按照场合的不同，女装可分为礼仪、商务、休闲三个品类。礼仪类女装是指出席正式社交场合穿的礼服、婚纱。商务类女装是指职业女性在商务社交场合穿的服装，在传统职业装基础上融入时尚的潮流元素，风格严谨、高雅。商务类女装以套装为主，还包括衬衫、大衣、针织衫、连衣裙等辅助品类，讲究简洁、素雅、悬垂、挺括。现代生活使休闲类女装的比重日益增加，日常的便装、运动装、家具装都归为休闲装的行列。休闲类女装能够展现女性的自然体态，简洁、实用，以具有粗糙肌理的天然织物为宜，追求一种放松、随意的心境（图 3-2）。

按照季节特点，女装分为春夏装和秋冬装，这是目前最流行且最适用的常规惯例。国际上的发布会均以季节来界定流行趋势，品牌服装也以春夏系列和秋冬系列进行上架销售。春夏装的常见品种有风衣、夹克、编织衫、套装、衬衫、裙子、短裤、T恤、背心、连衣裙等，秋冬装最常见的品种有大衣、风衣、棉衣、套装、皮衣、羽绒服等（图 3-3）。

图 3-1　姜悦音
（Pollyanna Keong）
款式图 -1

图 3-2　姜悦音（Pollyanna Keong）款式图 -2

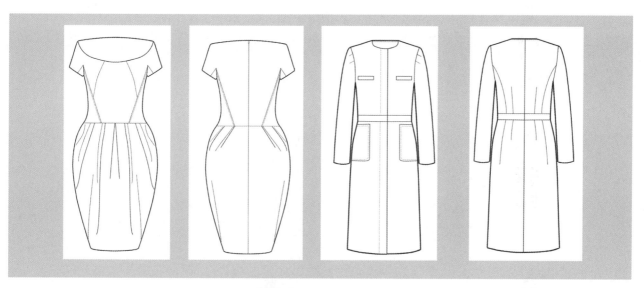

图 3-3　姜悦音（Pollyanna Keong）款式图 -3

对于绘制服装款式图来说，根据服装类别进行分类是最简单可行的方法。女装的类别繁多，通过归纳通常分为连身装（连衣裙和连体裤、礼服、婚纱）、外出服（毛呢服、棉纺服、填充服）、上衣单品（西服、工装、套头衫、背心、毛衣、衬衫）和下装单品（半裙、裤装）。不同的类别其画图的要点和细节表现都各不相同。

一、连身装款式图的表现

1. 连衣裙和连体裤

连衣裙是上衣和腰裙连接在一起的品类，穿脱方便，不必考虑上下身搭配。按照腰节分类，可分为束腰连衣裙、直筒连衣裙，按照长度也分为短

裙、及膝裙、长裙、拖地裙等，按照裙摆的大小以及装饰的方式可以分为筒裙、褶裥裙、喇叭裙、缠绕裙等（图 3-4~ 图 3-28）。如果加入分割线、抽褶、层叠等方式还会产生千姿百态的裙型。缠绕裙是用布料缠绕躯干和腿部、立体裁剪的裙。因缠绕方法不一，裙式也多种多样。当人体走动时，裙体褶皱的光影效果给人以韵律美感。

连衣裙和连体裤款式图的表达要重点考虑腰围和臀围的放松量（图 3-29）；考虑省道和分割线的变化；考虑裙子造型和长短变化；以及装饰工艺等设计变化。

2. 礼服

礼服讲究传统形式，白天以及膝或长及小腿肚的小礼服为主，夜间以曳地长裙为主，强调女性窈

（a）莉娜·霍希克（Lena Hoschek）连衣裙

（b）德里克·林（Derek Lam）连衣裙

图 3-4　连衣裙 -1

（a）巴黎世家（Balenciaga）连衣裙　　　　　　　　　　（b）约翰娜·奥尔蒂斯（Johanna Ortiz）连衣裙

图 3-5　连衣裙 -2

（a）珍珠母（Mother Of Pear）连衣裙　　　　　　　　（b）洛克山达·埃琳西克（Roksanda Ilincic）连衣裙

图 3-6　连衣裙 -3

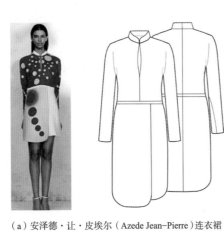

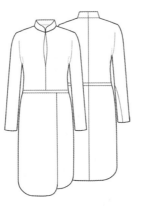
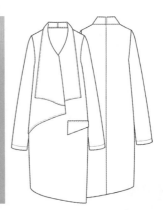

（a）安泽德·让·皮埃尔（Azede Jean-Pierre）连衣裙　　　　　　（b）省道尖（Sungdo Gin）连衣裙

图 3-7　连衣裙 -4

（a）爱扣 / 爱扣（AQ / AQ）连衣裙　　　　　　　　　　（b）伊莎·艾芬（Isa Arfen）连衣裙

图 3-8 连衣裙 -5

（a）毛宝宝（Chicco Mao）连衣裙　　　　　　　　（b）斯宝麦斯（Sportmax）连衣裙

图 3-9　连衣裙 -6

（a）乔纳森·桑德斯（Jonathan Saunders）连衣裙　　　（b）我是伊索拉马拉（I'm Isola Marras）连衣裙

图 3-10　连衣裙 -7

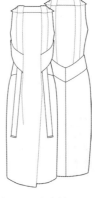

（a）爱斯卡达运动（Escada Sport）连衣裙　　　　　　（b）迪昂·李（Dion Lee）连衣裙

图 3-11　连衣裙 -8

（a）J.W. 安德森（J.W.Anderson）连衣裙　　　　　　（b）J.W. 安德森（J.W.Anderson）连衣裙

图 3-12　连衣裙 -9

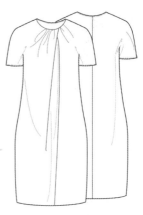

（a）保罗·卡（Paule Ka）连衣裙　　　　　（b）艾斯卡达运动（Escada Sport）连衣裙

图 3-13　连衣裙 -10

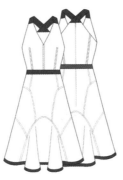

（a）玛丽·卡特兰佐（Mary Katrantzou）连衣裙　　　（b）凯伦（KAELEN）连衣裙

图 3-14　连衣裙 -11

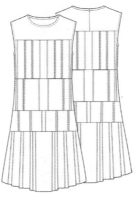

（a）J. 孟德尔（J.Mendel）连衣裙　　　　　（b）莲娜·丽姿（Nina Ricci）连衣裙

图 3-15　连衣裙 -12

（a）芭芭拉·卡萨索拉（Barbara Casasol）连衣裙　　　（b）伊莎·艾芬（Isa Arfen）连衣裙

图 3-16　连衣裙 -13

（a）乔纳森·桑德斯（Jonathan Saunders）连衣裙　　　　　（b）依盖尔·埃斯茹艾尔（Yigal Azrouel）连衣裙

图 3-17　连衣裙 -14

（a）珍珠母（Mother Of Pearl）连衣裙　　　　　（b）麦斯吉姆（MSGM）连衣裙

图 3-18　连衣裙 -15

（a）莲娜·丽姿（Nina Ricci）连衣裙　　　　　（b）罗兰·穆雷（Roland Mouret）连衣裙

图 3-19　连衣裙 -16

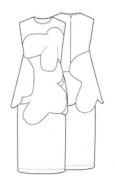

（a）奥克萨那·埃琳西克（Oksanda Ilincic）连衣裙　　　　　（b）西蒙娜·罗莎（Simone Rocha）连衣裙

图 3-20 连衣裙 -17

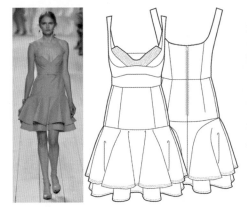

（a）莲娜·丽姿（Nina Ricci）连衣裙　　　　　（b）艾莉·萨博（Elie Saab）连衣裙

图 3-21 连衣裙 -18

（a）森永邦彦（Anrealage）连衣裙　　　　　（b）斯宝麦斯（Sportmax）连衣裙

图 3-22　连衣裙 -19

（a）杜嘉班纳（Dolce&Gabbana）连衣裙　　　　　（b）莲娜·丽姿（Nina Ricci）连衣裙

图 3-23　连衣裙 -20

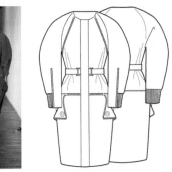

（a）迪昂·李（Dion Lee）连衣裙　　　　　（b）库什尼·奥克斯（Cushnie Et Ochs）连衣裙

图 3-24　连衣裙 -21

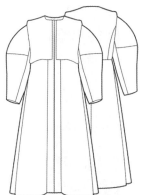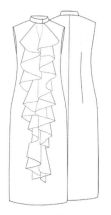

（a）波索（Delpozo）连衣裙　　　　　　　　　　　（b）艾勒里（Ellery）连衣裙

图 3-25　连衣裙 -22

（a）亚历山大·王（Alexander Wang）连衣裙　　　　（b）库什尼·奥克斯（Cushnie Et Ochs）连衣裙

图 3-26　连衣裙 -23

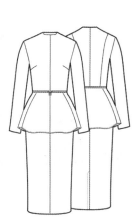

（a）凯德（Cade）连衣裙　　　　　　　　（b）维卡·卡金斯卡娅（Vika Gazinskaya）连衣裙

图 3-27　连衣裙 -24

（a）娜塔莎·津科 (Natasha Zinko) 连衣裙　　　　　　（b）艾莉·萨博（Elie Saab）连衣裙

图 3-28　连衣裙 -25

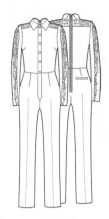

（a）伊萨（Issa）连体裤　　　　　　　　　　　（b）艾莉·萨博（Elie Saab）连体裤

图 3-29　连衣裤

窕的腰肢，夸张臀部以下裙子的重量感，肩、胸、臂的充分展露，成为设计表现的重点（图 3-30~ 图 3-44）。传统礼服以装饰感强的设计来突出高贵优雅，有重点地采用镶嵌刺绣、领部细褶、华丽花边、蝴蝶结、玫瑰花等，显露华贵之气。更现代感的礼服则脱离传统造型，随意设置礼服的重点。

从制板工艺上看，女式礼服追求立体感的造型，以轻薄、滑爽、固定性差但悬垂性好的材料为主，运用斜裁技术进行立体裁剪。礼服的不规则皱褶、垂褶、波浪等形式，没有固定的规律，且前后均不一致，所以结构十分复杂。在画图时需要把礼服的前后结构尽可能详细绘制，尤其是内部掩藏的复杂结构和微妙的设计细节都需表达清楚。与其他类别女装不同的是，礼服的款式图要适当加入衣纹

（a）玛切萨（Marchesa）小礼服　　　　　　　　（b）库什尼·奥克斯（Cushnie Et Ochs）小礼服

图 3-30　小礼服 -1

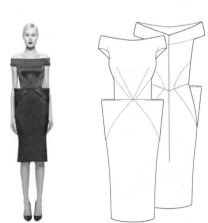

（a）扎克·珀森（Zac Posen）小礼服　　　　　　（b）扎克·珀森（Zac Posen）小礼服

图 3-31　小礼服 -2

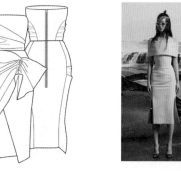

（a）马蒂斯威斯柯（Maticevski）小礼服　　　　　　　　　（b）马蒂斯威斯柯（Maticevski）小礼服

图 3-32　小礼服 -3

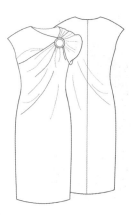

（a）爱斯卡达运动（Escada Sport）小礼服　　　　　　　　（b）纬尚时（Versus）小礼服

图 3-33　小礼服 -4

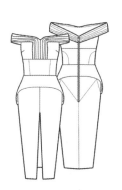

（a）马蒂斯威斯柯（Maticevski）小礼服　　　　　　　　（b）布鲁玛琳（Blumarine）小礼服

图 3-34　小礼服 -5

（a）J. 孟德尔（J.Mendel）小礼服　　　　　　　　　　（b）乔希·古特（Josh Goot）小礼服

图 3-35　小礼服 -6

（a）阿拉罗斯（A La Russe）小礼服　　　　　　　　（b）乔约森·西姆凯（Jonathan Simkhai）小礼服

图 3-36　小礼服 -7

（a）法奥斯托·普吉立斯（Fausto Puglisi）小礼服　　　　　（b）罗茜·阿苏利纳（Rosie Assoulin）小礼服

图 3-37　小礼服 -8

（a）韦斯·戈登（Wes Gordon）长礼服　　　　　　　（b）阿曼达·维克利（Amanda Wakeley）长礼服

图 3-38　长礼服 -1

（a）J. 孟德尔（J.Mendel）长礼服　　　　　　　（b）爱丽丝·麦考尔（Alice Mccall）长礼服

图 3-39　长礼服 -2

（a）戴尔芬·玛尼薇（Delphine Manivet）长礼服　　　（b）安东尼·瓦卡莱洛（Anthony Vaccarello）长礼服

图 3-40　长礼服 -3

（a）卡洛琳娜·海莱娜（Carolina Herrera）长礼服　　　（b）艾莉·萨博（Elie Saab）长礼服

图 3-41　长礼服 -4

（a）奥斯卡·德拉伦塔（Osar De La Renta）长礼服　　　（b）伊莎·艾芬（Isa Arfen）长礼服

图 3-42　长礼服 -5

（a）阿拉罗斯（A La Russe）长礼服　　　（b）阿拉罗斯（A La Russe）冬长礼服

图 3-43　长礼服 -6

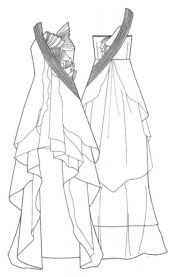

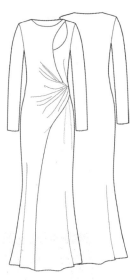

（a）德拉贡·艾沃里（Dragon & Ivory）长礼服　　　　　　（b）艾斯卡达（Escada Sport）长礼服

图 3-44　长礼服 -7

和衣褶，褶裥线条的轻重、虚实、粗细等要求均匀统一，表现出一种工艺绘图的美感。属于礼服的一些特殊的制作效果或特殊的用料，如褶裥形态、转移后的省道位置、暗结构线以及装饰细节的特殊效果等，也必须表达清晰。

3. 婚纱

婚纱是非常重要的礼仪服之一，基本保留了西方古典的礼服形式，造型以 X 形居多，吸收了晚礼服的装饰特点，上身合体、裙摆夸张，面料使用有支撑力、易于造型的缎、纱和蕾丝，工艺装饰采用刺绣、抽纱、雕绣镂空、拼贴、镶嵌、层叠等手法，使婚纱产生层次及雕塑感的效果（图 3-45~ 图 3-49）。富有个性的婚纱也有采用 H 形、S 形甚至超短裙的造型，线条简练，透出时代气息。

图 3-45　马蒂斯威斯柯（Maticevski）婚纱礼服　　　　图 3-46　扎克·珀森（Zac Posen）婚纱礼服 -1

图 3-47　扎克·珀森（Zac Posen）婚纱礼服 -2　　　　图 3-48　玛切萨（Marchesa）婚纱礼服

（a）玛切萨（Marchesa）婚纱礼服　　　　　　　　　　（b）雷姆·阿克拉（Reem Acra）婚纱礼服

图 3-49　婚纱礼服

二、外出服款式图的表现

毛呢类、棉纺类、填充类是女性外出服的主要品类。

1. 毛呢类外出服

毛呢类外出服是冬季女装的主要类别，实用性极强，以毛呢大衣为主。

披肩式大衣在传统大衣的基础上装有 A 形的披肩，最典型的有蝙蝠式披肩大衣、披肩领大衣和斗篷大衣。蝙蝠式披肩大衣非常传统，典型代表是福尔摩斯所穿的圆领披风大衣样式（图 3-50）。披肩领大衣的披肩较小，披肩也可以设计成脱卸式结构，很有层次感。斗篷大衣是无袖设计，领型分连帽和翻领两种，斗篷两侧有伸出手臂的开口设计，前片套头或交叠，交叠时一般用暗扣固定。

达夫大衣是一种从英国兴起的短款便装大衣，厚实的粗质毛呢面料与直挺的 H 形裁剪，从视觉上看具有硬朗气质，连帽设计，左右肩各有育克，有袋盖的大型贴袋，独特的木扣或牛角扣用皮革或麻绳固定扣襻，这些多元化的因素使达夫大衣成为一种深受年轻人喜爱的实用性大衣样式（图 3-51）。

浴袍式大衣是围裹式的大衣廓型，受东方直线裁剪的影响，衣身宽大，配以腰带系扎时，腰间堆积成褶，表现出舒适轻松的着装状态（图 3-52）。

毛呢大衣的结构和西装、夹克有很多共通之处，但放松度更大，且使用最厚重的冬季面料制作。大衣的廓型有 A 形、H 形、茧形、X 形等，衣身长短不等，领型也多变。对服装款式图来说，

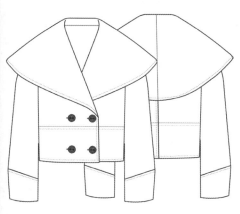

（a）罗茜·阿苏利纳（Rosie Assoulin）披肩式短大衣

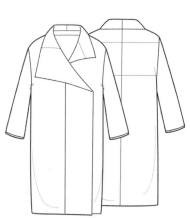

（b）特姆（TOME）披肩式大衣

图 3-50　披肩式大衣

（a）玛丽·卡特兰佐（Mary Katrantzou）达夫大衣　　　　　（b）艾勒里（Ellery）达夫大衣

图 3-51　达夫大衣

（a）豪斯（Haus）浴袍式大衣　　　　　（b）莉娜·霍希克（Lena Hoschek）浴袍式大衣

图 3-52　浴袍式大衣

大衣的廓型是最重要的，不同廓型的大衣在画图时的重点位置和绘图手段也不相同（图 3-53~ 图 3-67）。

2. 棉纺类外出服

棉纺类外出服用于春秋季，主要是棉质、棉涤混纺或涂层的风衣。风衣沿用了军用服装的特殊细节，集功能性与装饰性于一体，是从男式战壕风雨衣发展而来的一种女式外衣。传统风衣的所有部件已形成固定的形式，且都有实用功能：其胸前覆盖的一块防风片、后背上的防风过肩、可立起的拿破仑领口、肩襻的处理、门襟的双排扣、腰带上的金属挂件、缝有纽扣的袋盖口袋以及袖扣的绑带都是为了最初的防雨水功能而设计。现代意义上的风衣受时尚潮流元素的影响较大，造型多变，有 X 形、Y 形、O 形、A 形等，版型更加舒适实用，在款式结构、色彩、面料、工艺及配饰等方面的变化设计更为丰富（图 3-68、图 3-69）。

3. 填充类外出服

棉服和羽绒服都属于填充类的冬季外出服，主要特点是有两层或多层高密度的织物，在夹层中间填充重量轻、质地软、保暖好的絮料，如棉、羽绒等填充材料，达到产品功能性的保暖需求（图 3-70、图 3-71）。根据不同的填充材质和设计特点，可以将这类填充外套分为大衣式、休闲

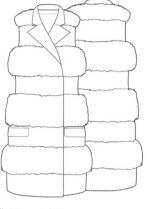

（a）路易·威登（Louis Vuitton）大衣　　　　　　（b）薇薇塔（Vivetta）大衣

图 3-53　大衣 -1

（a）罗塞塔·格蒂（Rosetta Getty）大衣　　　　　　（b）波索（DELPOZO）大衣

图 3-54　大衣 -2

（a）姜悦音（Pollyanna Keong）大衣　　　　　　（b）姜悦音（Pollyanna Keong）大衣

图 3-55　大衣 -3

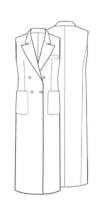

（a）芭芭拉·卡萨索拉（Barbara Casasol）大衣　　　　　　（b）芭芭拉·卡萨索拉（Barbara Casasol）大衣

图 3-56　大衣 -4

（a）塔库恩（Thakoon Addition）大衣　　　　　　　　　　（b）J. 孟德尔（J.Mendel）大衣

图 3-57　大衣 -5

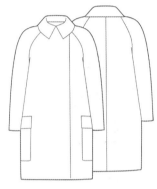

（a）马丁·格兰特（Martin Grant）大衣　　　　　　　　　　（b）珍珠母（Mother Of Pear）大衣

图 3-58　大衣 -6

（a）珍珠母（Mother Of Pearl）大衣　　　　　　　　　　（b）麦斯吉姆（MSGM）大衣

图 3-59　大衣 -7

（a）罗兰·穆雷（Roland Moure）2015 秋 / 冬大衣　　　　　　（b）索尼娅·里基尔（Sonia Rykiel）2015 秋 / 冬大衣

图 3-60　大衣 -8

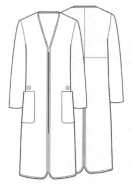

（a）姜悦音（Pollyanna Keong）大衣 　　　　　　　　（b）姜悦音（Pollyanna Keong）大衣

图 3-61　大衣 -9

（a）杜嘉班纳（Dolce&Gabbana）大衣 　　　　　　　　（b）杜嘉班纳（Dolce&Gabbana）大衣

图 3-62　大衣 -10

（a）艾莉·萨博（Elie Saab）大衣 　　　　　　　　（b）珍珠母（Mother Of Pearl）大衣

图 3-63　大衣 -11

（a）斯特拉·麦卡特尼（Stella Mccartney）大衣 　　　　　　　　（b）维卡·卡金斯卡娅（Vika Gazinskaya）大衣

图 3-64　大衣 -12

（a）西蒙娜·罗莎（Simone Rocha）秋/冬大衣　　　　　　　（b）斯宝麦斯（Sportmax）大衣

图 3-65　大衣 -13

（a）艾欧（IRO）大衣　　　　　　　　　（b）维卡·卡金斯卡娅（Vika Gazinskaya）大衣

图 3-66　大衣 -14

（a）凯德（Cade）大衣　　　　　　　　　　（b）张卉山（Huishan Zhang）大衣

图 3-67　大衣 -15

（a）菲（Fay）风衣　　　　　　　　　　（b）维罗尼卡·博德（Veronica Beard）风衣

图 3-68　风衣 -1

（a）斯特拉·琼（Stella Jean）风衣　　　　　　　　　　　（b）维卡·卡金斯卡娅（Vika Gazinskaya）风衣

图 3-69　风衣 -2

图 3-70　菲（Fay）棉衣

（a）菲（Fay）棉衣　　　　　　　　　　　（b）阿拉罗斯（A La Russe）填充外套

图 3-71　填充类外西服

式、工装式等。大衣式的填充外套整体简洁大方，采用较少的分割线，绗缝线不明显；休闲式的填充外套有较多的口袋设计、拉链设计、兜帽设计以及结构分割线等休闲装的特征，底边较大，便于活动。工装式的填充外套一般分割线较多，且挖袋和贴袋同时使用，扣襻、抽绳等细节要素都符合工装的功能性要求。

绘制外套款式图之前，首先，应弄清楚外套的造型与长短，把握外套的常规长度并结合设计需要进行变化；外套的结构工艺关系，如衣领的形态、长短、宽窄、形状、装饰形式等；袖型的结构，衣袋的样式等。其次，要根据不同风格的外套使用不同的绘图技法，如大衣面料厚实柔软，一般用长弧线表现；风衣面料挺括，多用长直线和短直线；棉服和羽绒服外形蓬松，用线较软，且以弧线为主。

三、上装分类与款式图表现

西方近代男装逐渐发展起来的上衣，包括西服、衬衫、夹克、背心、T恤、毛衣，如今都已成为女上衣的主要类别。

1. 西服上衣及衍生时装

受男西装的影响，女西装有两种基本款式：平驳领单排扣西装和戗驳领双排扣西装，以三开身或四开身结构为主，两片式装袖，衣袋为双开线袋或袋盖式暗袋，纽扣系合，长度在臀围上下，后开衩可开可不开（图3-72）。最经典的衣领与门襟造型仍是平驳领配单排扣门襟，在正式场合可与半裙或西裤搭配构成传统女套装（图3-73）。

从基本款中又衍生出商务女西装和休闲女西装两种更为时尚的形式，适合都市年轻女性穿着。商务女西装要体现端庄、职业之感，需要造型简洁干练，又具有展现时尚潮流的细节设计。休闲女西装则更为多变，有丰富的廓型线条和多元的附加装饰，不仅在结构上打破传统，如解构重组成茧形、Y形、A形等非常规轮廓，还利用各种装饰工艺来

（a）马丁·格兰特（Martin Grant）西装

（b）爱斯卡达（Escada Sport）西装

图3-72　西装-1

（a）百丽（Bally）西装

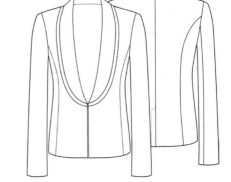

（b）克拉希克·拉佩尔（Classic Lapel）西装

图3-73　西装-2

达到美化效果，如缉细褶裥、省道线装饰、滚边装饰、拉链装饰、贴袋装饰、金属拷纽、镶坠装饰、立体装饰、拼接装饰等，巧妙应用于西装中可以提高其附加值（图3-74~图3-79）。

在具体表现女西装的款式时，要注意对衣身长短、收身形态、衣领造型、门襟造型、底边变化、衣袋变化以及装饰变化的表达清晰、准确。

2. 工装及衍生时装

工装是户外作业的人用帆布制作的腰部和袖口有带状收口的工作服，腰身放宽，底边在臀围线上下，造型宽松，便于运动。现在工装发展成为非正式场合的服饰，裁剪更加合身，领口敞开，装饰简洁，具有独特的性格：简便、实用、收身。当下工装衍生的时装加入更多的潮流元素，从很多经典的

（a）洛克山达·埃琳西克（Oksanda Ilincic）西装　　　　　　　　　　　（b）阿泽德·让·皮埃尔（Azede Jean Pierre）西装

图 3-74　西装 -3

（a）希希克（Cichic）荷叶摆上衣　　　　　　　　　　　（b）艾莉·萨博（Elie Saab）荷叶摆上衣

图 3-75　衍生时装 -1

（a）扎克·珀森（Zac Posen）无领上衣　　　　　　　　　　（b）约西索·罗德里格斯（Narciso Rodriguez）无领上衣

图 3-76　衍生时装 -2

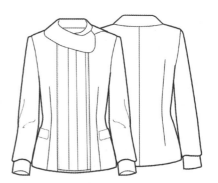

（a）开幕式（Opening Ceremony）无领上衣　　　　　　　　　　（b）乔治·阿玛尼（Giorgio Armani）翻领上衣

图 3-77　衍生时装 -3

（a）伊凡·春夏（Ivan Grundahl）翻领上衣　　　　　　　　（b）毛宝宝（Chicco Mao）无领上衣

图 3-78　衍生时装 -4

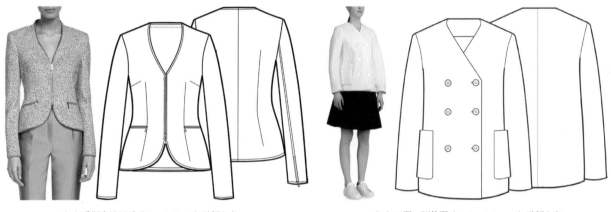

（a）爱斯卡达运动（Escada Sport）无领上衣　　　　　　　　（b）亚瑟·阿伯瑟（Arthur Arbesser）无领上衣

图 3-79　衍生时装 -5

老式工装、骑猎装里获得灵感，成为运动类和休闲类日装的主要样式（图 3-80~ 图 3-83）。

　　飞行员上装的面料多选用质地耐牢的斜纹布，翻领（有的装饰毛领），衣长及腰，前开襟用拉链，胸前有带盖的褶盒形特大贴袋，腰部和袖口多有松紧带。机车装采用厚重的黑色皮革制作，常辅以金属纽扣和铆钉装饰，有的还带肩章、臂章和斜门襟拉链，明缉线强烈而丰富。运动类工装材质轻薄，易于活动，多采用立领、翻领或连帽领的设计，轻便拉链系合，口袋、育克及其他拼接形式自由随意，是运动工装变化的重点。棒球装极具造型感，将运动风与时尚都市风混搭起来，采用罗纹的衣领、袖口和下摆，多徽标设计，袖子和衣身的差异拼接是变化的要点。

　　在绘制工装的款式图时首先要分清是哪类工装上衣，便于确定造型。工装细节繁多，要刻画诸多零部件细节，如缘边工艺、填料绗缝、双层设计、拼接设计等。

（a）布洛克（Brock）传统工装　　　　　　　　　　　　　　（b）罗意威（Loewe）工装风上衣

图 3-80　工装

（a）罗兰·穆雷（Roland Mouret）机车装　　　　　　（b）安东尼·瓦克莱洛（Anthony Vaccarello）工装夹克

图 3-81　衍生时装 -1

（a）乔约森·西姆凯（Jonathan Simkhai）工业风上衣　　　　　　（b）亚历山大·王（Alexander Wang）机车装

图 3-82　衍生时装 -2

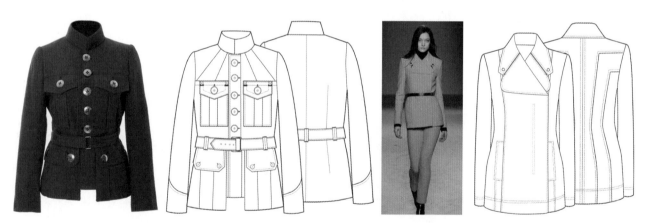

（a）马克·雅可布（Marc Jacobs）猎装上衣　　　　　　（b）罗兰·穆雷（Roland Mouret）骑装上衣

图 3-83　衍生时装 -3

3. 套头式文化衫

套头式文化衫是春夏季女上衣的重要品类（图 3-84~ 图 3-86）。卫衣是春季服，T 恤是夏季服，二者都采用圆机针织。套头式文化衫很大众化，圆领、无袖为主，色彩、图案、袖口及底边造型常有创意变化，展示的图案包罗万象，可以是文字、图画甚至是照片。Polo 衫是较正式的 T 恤，其面料多采用编织细密的小平纹棉针织，罗纹硬翻领，一般两颗纽扣，以短袖为主，袖口也有罗纹，衣身后长、前短，且侧边有一小截开口的底边。

4. 背心及无袖时装

无袖时装样式较多，变化丰富，相比传统背心来说，更突出"时装化"的特点。在基本款中加入不同的时尚元素，会产生不同风格的衬衫样

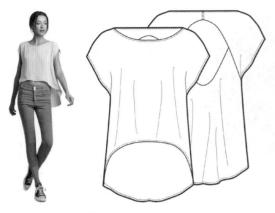

（a）爱丽丝＋奥利维亚（Alice+Olivia）T恤　　　　　　　　　（b）伊索拉马拉（I'm Isola Marras）卫衣

图3-84　套头式文化衫-1

（a）豪斯（Haus）T恤　　　　　　　　　　　　　（b）波索（DELPOZO）卫衣

图3-85　套头式文化衫-2

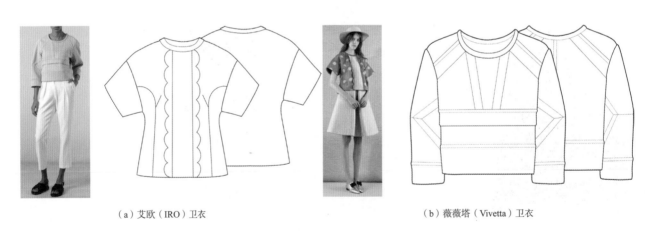

（a）艾欧（IRO）卫衣　　　　　　　　　　　　　（b）薇薇塔（Vivetta）卫衣

图3-86　套头式文化衫-3

式（图3-87~图3-92）。

5. 毛衣及衍生时装

　　毛衣分套头和开衫两类，毛衣的领口、底边和袖口多为罗纹结构，针法多变。根据针法的不同，毛衣可包括平纹毛衣（图3-93~图3-95）、绞花毛衣、提花毛衣三种主要款式。画毛衣时要根据针织特有的编织构造绘制，尤其是针对雕塑感很强的毛衫如格恩西毛衫、阿兰毛衫、费尔岛毛衫板球衫，更要注重肌理设计以及厚度、空间感的表达。

6. 衬衫

　　女衬衫的基本款与男衬衫相似，也有衬衫领、明门襟、克夫袖口等构成，不同之处在于更强调女性特征，前后衣片有腋下省和腰省，以呈现女性S型轮廓。罩衫式衬衫是当今很流行的一种款式，灵感来源于居家服，廓型以H形、A形、O形居多，有随意感。罩衣一般为套头式样，材质柔软垂坠，

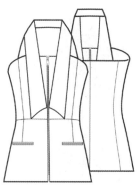

（a）普拉巴·高隆（Prabal Gurung）无袖时装

（b）阿曼达·维克利（Amanda Wakeley）无袖时装

图 3-87　无袖时装 -1

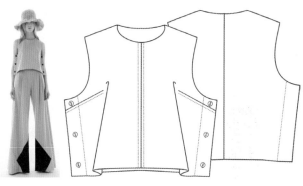

（a）诺维斯（Novis）无袖时装　　　　　　　　　（b）托尼·马蒂斯威斯柯 (Toni Maticevski) 无袖时装

图 3-88　无袖时装 -2

（a）克利斯托弗·艾丝柏（Christopher Esber）无袖时装　　　　　（b）迪昂·李（Dion Lee）无袖时装

图 3-89　无袖时装 -3

（a）亚历山大·王（Alexander Wang）无袖时装　　　　　　　（b）麦斯吉姆（MSGM）无袖时装

图 3-90　无袖时装 -4

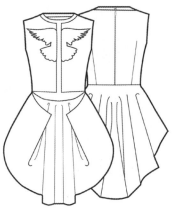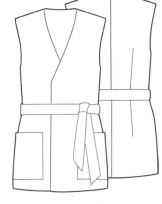

（a）毛宝宝（Chicco Mao）无袖时装　　　　　　　　（b）伊莎·艾芬（Isa Arfen）无袖时装

图 3-91　无袖时装 -5

（a）艾特罗（ETRO）无袖时装　　　　　　　（b）伊盖尔·埃斯茹艾尔（Yigal Azrouel）无袖时装

图 3-92　无袖时装 -6

（a）日式毛衣　　　　　　　　　　　　　（b）蒂维（Tibi）毛衣

图 3-93　毛衣 -1

（a）佐伊·乔丹（Zoe Jordan）毛衣裙　　　　　　　（b）罗莎（ROCHAS）毛衣

图 3-94　衍生时装

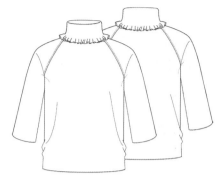

（a）奥斯卡·德拉伦塔（Oscar de La Renta）毛衣　　　　（b）Jw.安德森（Jw.Anderson）毛衣

图 3-95　毛衣 -2

宽松量较大，袖口放松，有时采用装饰性较多的设计，如蝴蝶结、绣花、印花等，给人以可爱感。还有一种褶量较多的插肩袖罩衣，可搭配褶裥、绑绳等工艺，其余量大小与长短、袖头等根据流行趋势而定。T恤式衬衫以箱形结构为主，半截式前开襟，搭配衬衫衣领，具有马球衬衫风格，机能性很强，应用范围非常广泛。猎装式衬衫结合了猎装夹克的特点，胸前为两个翻盖大贴袋，缉明线，有

育克、肩襻、卷袖纽等功能性细节，有的还采用腰带。

衬衫的款式图除廓型结构要表达清楚外，领片的结构与装饰、袖型的设计与工艺，都是造型的要素和关键（图 3-96~ 图 3-99）。此外还应注意褶裥、明线的类型。

四、下装分类与款式图表现

（a）艾卓（ETRO）衬衫　　　　　　　（b）伊盖尔·埃斯茹艾尔（Yigal Azrouel）衬衫

图 3-96　衬衫 -1

（a）约翰娜·奥尔蒂斯（Johanna Ortiz）衬衫　　　（b）伊盖尔·埃斯茹艾尔（Yigal Azrouel）衬衫

图 3-97　衬衫 -2

（a）艾勒里（Ellery）衬衫　　　　　　　　　　　　　　　（b）马蒂斯威斯柯（Maticevski）衬衫

图 3-98　衬衫 -3

（a）爱丽丝 + 奥莉维亚（Alice+Olivia）衬衫　　　　　　　（b）乔纳森·西姆凯（Jonathan Simkhai）衬衫

图 3-99　衬衫 -4

1. 半裙

除了极少数山地民族和土著民族还有男子穿裙的习俗，现代服装语汇中的半裙专指女性的独有服装，包括半截裙、衬裙等。

腰裙一般由裙腰和裙体构成，有的只有裙体而无裙腰，仅覆盖人体的下半部。按裙腰在腰节线的位置区分，有中腰裙、低腰裙、高腰裙；按裙长区分，有拖地裙（裙摆及地或拖地）、长裙（裙摆至胫中以下）、中长裙（裙摆至膝以下、胫中以上）、及膝裙（裙摆至膝）、短裙（裙摆至膝以上）和超短裙（裙摆仅及大腿中部）；按裙体构成和外形轮廓区分，大致可分为筒裙、摆裙、鱼尾裙、内撑裙和异形裙等。

（1）筒裙：是腰裙的基本款，从裙胯开始自然垂落，外形呈直筒形，常在休闲类和职业类女装中。其设计变化多集中在腰头、开衩和结构线上，配合面辅料和一些装饰元素的处理，营造或简洁、或时尚、或潇洒等风格，常见的直筒裙有西装裙、旗袍裙、夹克裙、围裹裙等。

（2）西装裙：通常采用收省、打褶等方法使裙体合身，因与西装上衣配套穿着而得名（图3-100）。西装裙多选毛呢、混纺织物甚至针织面料裁制。

①旗袍裙是左右侧缝开衩的直筒裙，因造型与旗袍中腰以下部分相同而得名。多选用丝绸、丝绒、锦缎等传统面料裁制。

②夹克裙注重拼缝装饰，在缝合处缉明线，有横插袋或明贴袋，后裙摆开衩或前中缝开门，也可采用暗褶。因与夹克衫的装饰特点相近而得名。多以坚固呢、小帆布等比较厚实的面料裁制。

③围裹裙有时也称为一片裙，剪裁简单，裙片在前身交叠，以纽带系合，因围裹式穿着而得名。有的围裹裙也可不用纽带，围裹下体后将余幅塞入裙腰。

（3）摆裙：种类繁多，以裙的下摆开合的围度而区分裙型。喇叭裙和 A 字裙都属于摆裙的种类，但喇叭裙要更大，更便于活动。

① A 字裙：是由腰部至下摆斜向展开呈"A"

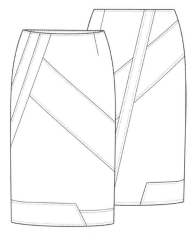

（a）艾莉·萨博（Elie Saab）筒裙

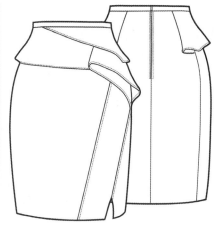

（b）乔纳森·西姆凯（Jonathan Simkhai）西装裙

图 3-100　筒裙 / 西装裙

字形的裙，具有梯形轮廓（图 3-101）。短款的 A 字裙活泼俏丽，长款的 A 字裙飘逸浪漫，多用棉布、丝绸、薄呢料和化纤织物等裁制。

②喇叭裙和钟形裙：裙摆比 A 字裙更大，由两片以上的扇形面料纵向拼接构成，通常以片数命名，有两片裙、四片裙、六片裙等，穿着时会自然形成褶皱和波浪的效果。

③单片的大摆裙又称圆台裙、太阳裙，是将一块幅宽与长度等同的面料，在中央挖剪出腰洞的裙，宜选用软薄面料裁制。

除裙片分割之外，压褶也是塑造摆裙最常见的元素（图 3-102）。按褶裥构成可分为褶裙和节裙。

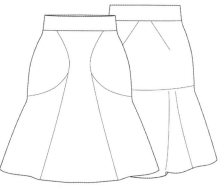

（a）扎克·珀森（Zac Posen）A 字裙

（b）罗兰·穆雷（Roland Mouret）A 字裙

图 3-101　A 字裙

（a）蒂维（Tibi）压褶裙

（b）薇薇塔（Vivetta）压褶裙

图 3-102　压褶裙

（4）褶裙：是有定型褶的裙子，采用加热压出褶形，常见的品种有百褶裙、褶裥裙等。

①百褶裙：裙体为等宽一边倒的明褶和暗褶。

②褶裥裙：通常在臀围以上部位为收拢缉缝的裥，臀围线以下为烫出的活褶。褶裥裙的褶裥一般比百褶裙宽，并富于变化。

③节裙又称塔裙，裙体以多层次的横向多片剪接，外形如塔状。

（5）鱼尾裙：裙体呈鱼尾状，裙体上部与腰臀及大腿中部紧密贴附，往下逐步放开下摆展成鱼尾状，恰到好处地凸现了女性的曲线外形（图3-103）。鱼尾展开的高度及展开的大小根据设计需要而定。为了保证"鱼肚"的三围合体与"鱼尾"浪势的均匀，鱼尾裙多采用六片以上的结构形式，如六片鱼尾裙、八片鱼尾裙及十二片鱼尾裙等。

（6）内撑裙：是使用裙撑（或称为衬裙）的裙子，用硬挺的内撑材料制造，通过打很多的褶裥及上浆等处理，把外面的裙子撑起，显出蓬松鼓起的轮廓，主要用于各类晚礼服和婚纱，腰裙使用者较少（图3-104）。

2. 裤装

女裤按长度分为短裤、五分裤、七分裤、九分裤和长裤；按板型分为直筒裤、西裤、锥形裤、喇叭裤、斜裁裤、阔腿裤、裙裤；按适应场合分为休闲裤和正装裤；按腰线分为高腰裤、中腰裤和低腰裤。要想画好女裤，首先要掌握女裤裤型的基本要素：裤腰位置、腰臀宽窄、裤长变化、裤口大小、裤侧缝的曲直斜线的变化等（图3-105~图3-109）。除了裤型的分析外，裤子的结构工艺处理也是需要认真对待的。

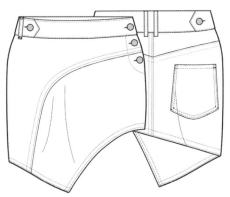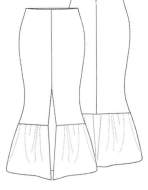

（a）安东尼·瓦卡莱洛（Anthony Vaccarello）超短裙　　　　（b）克里斯托弗·艾丝柏（Christopher Esber）鱼尾裙

图 3-103　超短裙 / 鱼尾裙

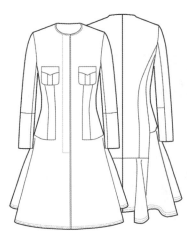

（a）束腰连衣裙　　　　　　　　　　　　　　（b）宽松连衣裙

图 3-104　连衣裙

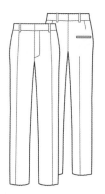

（a）百丽（Bally）西裤　　　　　　　　　　　　　（b）阿曼达·维克利（Amanda Wakeley）锥形裤

图 3-105　裤装 -1

（a）罗洛·皮雅纳（Loro Piana）短裤　　　　　　　　（b）瑞克·埃文斯（Rick Owens）束腰短裤

图 3-106　裤装 -2

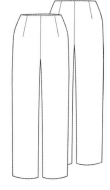

（a）乔治·阿玛尼（Giorgio Armani）九分锥裤　　　　（b）伊莎·艾芬（Isa Arfen）九分宽筒裤

图 3-107　裤装 -3

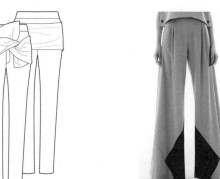

（a）托尼·马蒂斯威斯柯（Toni Maticevsk）九分裤　　　（b）诺维斯（Novis）阔脚长裤

图 3-108　裤装 -4

（a）任茜（Reineren）连身裤　　　　　　　　　　　（b）吉普赛（Mnoush）超短裤

图 3-109　裤装 -5

第二节　男装款式图设计表达

男性的形体特点主要表现为颈部较粗短，锁骨突出；肩部宽阔而方正，肩背肌肉丰厚，俯瞰呈弓状；胸廓发达，胸肌健壮，呈半环状隆起；躯干较扁平，背部长且脊柱弯曲度小；手臂肌肉发达，腿部粗壮；胸腰臀差值较女性小，腰腹肌肉平坦，臀部高而窄，整体呈倒三角形的外观。

由于男性肌肉的发达、脂肪比整体低于女性的这些生理特征，强化了人们对男性美基于力度的认知，男装多为表现男性强悍威武、魁梧雄壮的雄性风范，以求呈现出一种体魄与力量的阳刚之美。再加上社会发展的需要，男装的功能性远远超越了装饰性，廓型上崇尚 H 形或箱形的构造，结构线也尽量偏长直线，装饰和工艺讲究含蓄和低调，不追求花哨和个性，风格上追求简朴和干练的形象（图3-110、图 3-111）。

现代男装的种类十分丰富，同一种类还存在不同设计定位的款式品种，对男装进行必要的系统分类，以便更好地指导设计与绘图工作。考虑到男装设计的特点，按男装的季节和用途两种方式进行分类，具有很强的针对性和现实应用性。

同女装一样，按照季节的不同，男装分为春夏装和秋冬装也是非常通俗的分法。春夏装的常见品类有风衣、西装、夹克、针织衫、衬衫、T恤、背心、长裤、短裤等。画服装款式图时，要考虑到减短衣长、增加宽松量、领口下移、袖腿和裤腿变短等，来适应春夏装的要求。春夏装的流行感一般强于秋冬装，设计都受流行趋势影响较大，流行的变化主要在领型和局部细节上进行表现。秋冬季男装由于其耗料多、工艺复杂，所以成本高、利润也高。最常见的秋冬季品类有大衣、棉衣、套装、皮衣、羊毛衫、羽绒服和长裤等。绘制服装款式图时注意秋冬装与春夏装的区别，通过提高领口、增加双排扣、加衣长、双层结构设计等画法来突出服装的保暖特性。羽绒服内有中空纤维的填充，要画出体积感和缉明线的工艺技法。另外，新颖材料和装饰工艺越来越多被运用到男装中，通过理解各种装饰工艺手法如包边、滚边、褶裥、绣花、镶嵌、异色面料组合拼接等，才能够随意自如地绘制各种类型的男装。

按服装的用途分，男装包括职业装、工作服、运动装、休闲装、家居服、礼仪装、表演装等。职业装多为经典款式，设计较保守，正式不花哨。工作服着重机能性，需要体现耐油污、抗静电、储物功能等特殊工作性质的需求。运动装既包括专业性运动装，如泳装、滑雪服、田径服、赛车服等；也包括一般性运动装，如介于专业性运动和休闲装之间的时尚运动款式，这类服装具备很强的功能性，如保暖、防水、防风、脱卸方便等。休闲装的概念被大大扩展，甚至出现在正式礼仪场合中，能与其他服装最大限度地兼容，是覆盖面最广的品类。

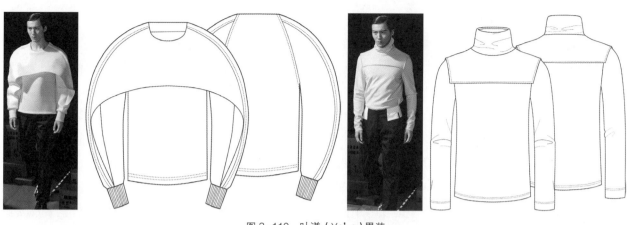

图 3-110 叶谦（Ye's）男装

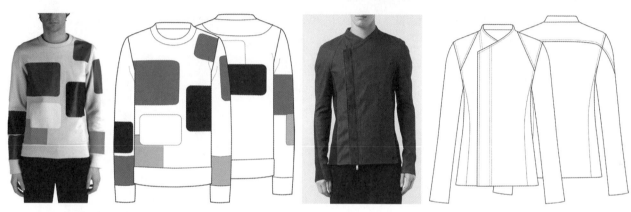

（a）克里斯托弗·雷伯恩（Christopher Raeburn）男装　　　　　　（b）波罗杰克特（Y Project）男装

图 3-111 男装

画男装款式图时，注意围度（肩部、腰部）和长度（衣长、裤长、袖长、底摆线）的确定：各种肩部造型的变化都要依附人体肩部形态，不能与实际肩宽差太远，只能进行略微细小的变化；腰部造型非常细腻，除了收腰与放腰的基本形态之外，腰节线的高低变化也起着调节服装风格和形态的作用，高腰用于短上衣，中腰用于正装，低腰用于时尚裤装；各部位的长度和位置直接影响服装轮廓以及体现的时代精神，并随着流行趋势发生变化。

一、礼服与正装款式图的表现

1. 西式礼服

在日常需求中，礼服分为西式礼服和中式礼服。西式礼服又分为正式礼服和半正式礼服两类，其中作为正式礼服

的晨礼服和晚礼服（燕尾服）在我国几乎很少使用，而半正式礼服如今已升格为正式礼服，用于出席各类正式场合和重要礼仪活动（图 3-112）。半正式礼服包括日间礼服（董事套装）和夜间礼服（塔士多），它们的上衣款式类似现代西装，有单排扣与双排扣两种门襟造型（戗驳领时配双排扣，青果领时配单排扣，塔士多通常是单排一粒或两粒扣），日间礼服与马甲、长裤相配成三件套，夜间礼服的领面用缎料，裤

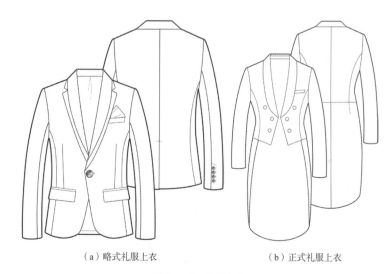

（a）略式礼服上衣　　　　　　（b）正式礼服上衣

图 3-112 礼服上衣

侧缝装饰一道绢带，衬衫前片饰有褶裥并配有黑色蝴蝶领结。

2. 中式礼服

中山装是在西服基础上演化出的富有中国特色的男装，如今越来越多热爱传统文化的国人开始以中山装来取代西装作为男士礼服出席重大场合。中山装的主要特点是三开身西服结构造型，立领式关门领，四个有袋盖的明贴袋，领子、门襟、袋盖等缉明线，前门襟和四个口袋共有九粒明扣。中山装作为中国风的代表，现在有许多改良款式以及融入活泼创意的款式，被应用在不同风格的休闲时装中（图 3-113 ～ 图 3-117）。

3. 西服正装与西服时装

西装是日常男装中最经典的款式，它的基本构成、着装方式和搭配细节都有程式化的规范，从而让西装成为国际通用的服饰语言。

按照人们的传统思维，西装件数越多，越显庄重和正规。出席正式场合时，两件套和三件套成为男性必备的着装（图 3-118～ 图 3-124）。两件套西装的基本形式是上衣与裤子成套，其面料、色彩、款式一致，风格相互呼应。常见的上衣形式比较固定，一种是平驳领单排扣上衣（两粒或三粒扣、八字领、圆弧底边），另一种是戗驳领双排扣上衣（双排四粒扣或六粒扣、戗驳领）。上衣左胸

（a）贴袋式中山装　　　　（b）肩章式翻袋盖中山装

图 3-113　中山装 -1

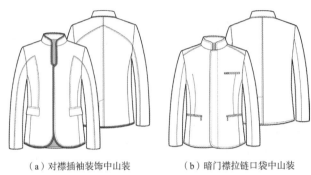

（a）对襟插袖装饰中山装　　（b）暗门襟拉链口袋中山装

图 3-114　中山装 -2

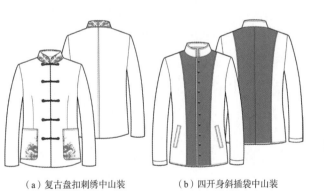

（a）复古盘扣刺绣中山装　　　（b）四开身斜插袋中山装

图 3-115　中山装 -3

（a）袖饰横缠中山装　　　　（b）刺绣礼服式中山装

图 3-116　中山装 -4

（a）APEC 会议新中山装　　　（b）时尚拼接中山装

图 3-117　中山装 -5

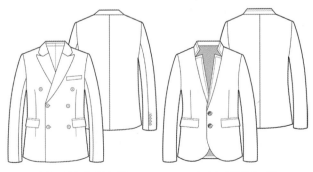

（a）双排扣戗驳领西装　　　　（b）竖领两粒扣西装

图 3-118　西装 -1

（a）单排两粒扣平驳领西装　　　　　　　（b）单排一粒扣中袖西装

图 3-119　西装 -2

（a）时尚西装　　　　　　　（b）运动型西装

图 3-120　西装 -3

（a）单排两粒扣平驳领西装　　　　　　　（b）时尚解构西装

图 3-121　西装 -4

（a）青果领一粒扣西装　　　　　　　（b）时尚拉链西装

图 3-122　西装 -5

（a）斜门襟单排扣西装　　　　　　　（b）解构主义西装

图 3-123　西装 -6

（a）立领式西装　　　　　　　（b）斜门襟双排扣西装

图 3-124　西装 -7

有一单开线胸袋，装胸巾用。上衣口袋有的是夹袋盖，有的是双开线。上衣袖衩处的纽扣从一粒到四粒不等。上衣后开衩有中开衩、双开衩和无开衩的选择。为了保持男装的利落气质，以上外部结构的造型审美超越了功能意义，而物品都放在西装内部的隐蔽结构如各种里袋中，补偿了功能性使用，所以绘图时经常要画出内部结构来。三件套比两件套多了一件背心，通常背心的前门襟有五或六粒纽扣，四个口袋左右对称。传统的两件套和三件套设计风格相对比较保守，只在细部进行些变化，如口袋、领型、底边和外轮廓造型。

西装在相对固定的原则下，又有很强的可塑性，可以通过不同的设计组合如廓型、裁片、工艺、面料、色彩等变化，能使西装产生不同的设计风格，以适应各种正式和非正式的场合。按场合可分为正装和时装，按件数可分为单件西装、两件套西装和三件套西装，按纽扣分成单排扣和双排扣，按廓型分 X 形、Y 形、H 形，按裁片分四开身与六开身，按领型还分平驳领、戗驳领和青果领。

画基本款的西装相对简单，但当结构和板型起变化时，绘图就很容易出错。例如，翻驳领的宽窄、高低、长短影响着西装的风格，但由于领子结构的复杂性，翻折线、领斜线、串口线的比例较难控制，因此深入分析领子的构成至关重要。如果驳领画宽了，就显得粗犷且休闲，如果驳领画得又窄又短，就显得精致干练。翻驳领的领型受流行趋势的影响很大，所以画图要准确表达设计所求。

除了传统型西装，还有一类较为休闲随意的时尚类西装，更符合现代人的审美需要。这类西装大大突破传统西装的模式，更加突出男性的曲线，表现男人的性感和身材，外形修长、取消垫肩、腰部更收腰并且腰线下移，增强了舒适性与时尚感。在细节设计方面也用尽心思，大胆使用新面料、新工艺，驳领的造型丰富多变，贴袋、缉线等的设计更加新颖，深受时尚男士的喜爱。

二、外出服款式图的表现

1. 冬季外出服

大衣是冬季男装的主要外出服，根据面料、用途、外形等不同分类，有着不同的品项（图3-125~图3-131）。按面料有毛呢大衣、裘皮大衣、皮革大衣、毛织大衣、棉大衣、羽绒大衣等，最常用的是毛呢大衣；按用途分，有风衣、雨衣、防寒大衣、军用大衣、礼服大衣等；按外形分，有长袖大衣、半袖形大衣、直身式大衣、合体式大衣、宽松式大衣。大衣塑形挺括，后背有背缝，下中开衩，一般用斜插袋或平贴袋。

大衣款式主要在领、袖、门襟、口袋等部位进行变化，领型有立领、翻领、连帽领等，袖型有合体袖、插肩袖、茧形袖等，门襟有单排扣和双排扣，根据流行各处的尺寸和位置还可以有一定变化。底边线在形态上也有很丰富的变化，有直线形底边、曲线形底边，这些丰富的形态赋予了大衣轮廓多变的风格和形状。在绘制时应把这种丰富而细腻的关系画出，需要特别注意的是大衣的围度放松量较大，不要画成西装的围度。

2. 春秋季外出服

风衣是防风雨的薄型大衣，适合春秋季外出穿着，通常是双排扣，翻驳领或立领，有的采用双层过肩，附件较多，有腰带、肩襻、袖襻、口袋。风衣造型灵活多变、长风衣至膝盖以下，短风衣大致在臀部以下，样式基本相同。风衣的局部元素较多，画图时要从结构造型方面逐一分析设计的技巧，充分理解服装的构成（图3-132~图3-134）。

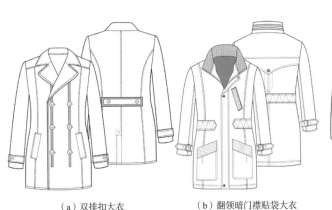

（a）双排扣大衣　　　　　　　（b）翻领暗门襟贴袋大衣

图 3-125　大衣 -1

（a）平驳领暗门襟羊毛大衣　　　　（b）带帽多口袋外出旅行棉衣

图 3-126　大衣 / 棉衣 -1

（a）连帽式插肩棉大衣　　　　　（b）连帽式休闲多口袋外套

图 3-127　大衣 / 外套 -1

（a）连帽式羽绒服　　　　　　（b）裘皮帽圈饰边羽绒服

图 3-128　羽绒服

（a）平领单排扣羊毛大衣　　（b）连帽式拉链外套

图 3-129　大衣/外套-2

（a）解构拼接短款外套　　（b）对襟军装式短款外套

图 3-130　外套

（a）翻驳领双排扣短大衣　　（b）带帽绗缝棉衣

图 3-131　大衣/棉衣-2

（a）平驳领双排扣系带风衣　　（b）平领双排扣插肩风衣

图 3-132　风衣-1

（a）双排扣双系带风衣　　（b）双排扣宽松式风衣

图 3-133　风衣-2

（a）翻驳领双排扣系带风衣　　（b）竖领育克系带风衣

图 3-134　风衣-3

三、上装分类与款式图表现

1. 夹克

　　夹克是一种短上衣，基本外形是宽肩的倒梯形，立领、翻领或连帽领，为了便于活动，袖山较低，袖肥较大，袖口克夫与底边收缩采用针织罗纹、抽带、扣襻等形式处理，对襟处有拉链、纽扣或挡风结构，衣长大致到臀部。由于它造型轻便、活泼、富有朝气，深受各个年龄阶层男士喜爱。

　　夹克款式因其用途不同，一般分为运动型夹克和休闲型夹克两大类。运动型夹克里有代表性的是棒球夹克、诺福克运动夹克以及狩猎夹克等。棒球夹克是粗呢衣身和镶拼皮袖的短款夹克，左胸前有徽章刺绣图案。诺福克夹克衣长齐臀，有腰带，单排纽扣，前片和后片有一个或两个箱形褶裥，安全饰带从褶裥底部处一直延伸至腰线，外贴口袋。

　　狩猎夹克长度稍微过腰，采用衬衫式衣领，单排五粒扣，肩部缝上肩章，而前身有四个对称的信封式外贴袋，口袋有打褶，开口以扣子固定，另外还会搭配与夹克同质料并带有饰扣的腰带。另外，一些军用夹克的设计元素也被用于运动型夹克中，如飞行夹克、阅兵夹克、艾森豪威尔式军官夹克、F1赛车夹克等，这些夹克的兜帽设计、褶盒形特大贴袋、拉链式开合和魔术贴粘合，以及质地坚牢耐磨的面料，明显具有军装的痕迹（图3-135~图3-146）。

休闲夹克设计随意、轻松，夹克造型以简洁为主，长度较短，围度较大，便于活动，经常作为出差旅行的主要服装。休闲夹克贴近生活的实用性，设计元素很灵活，有小立领、八字领、驳折领、连帽式等领型，门襟也有内层拉链、外层纽扣等不同形式，口袋、袖口的变化也很丰富。最简洁的便装夹克还被许多企业用作工作服。在绘图时应注意育克、门襟、袖口等多种工艺要同时交代。

时尚元素也越来越广泛地融入休闲夹克设计中，大胆随意且富有创造性的造型和图案，局部用松紧带、克夫、抽绳等处理，一些水洗起皱、面料撞接的设计方法，以及个性十足的皮带搭扣等辅料，为夹克简朴的轮廓增添更加出彩的丰富细节。

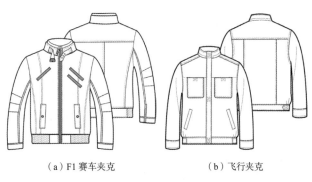

（a）F1赛车夹克　　　　　（b）飞行夹克

图3-135　夹克-1

（a）艾森豪威尔式军官夹克　　（b）英式绗缝狩猎夹克

图3-136　夹克-2

（a）机车夹克　　　　　（b）罗口短款夹克

图3-137　夹克-3

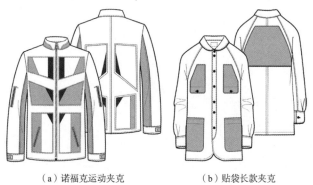

（a）诺福克运动夹克　　　　（b）贴袋长款夹克

图3-138　夹克-4

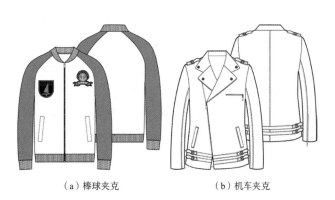

（a）棒球夹克　　　　　（b）机车夹克

图3-139　夹克-5

（a）运动夹克　　　　　（b）运动夹克

图3-140　夹克-6

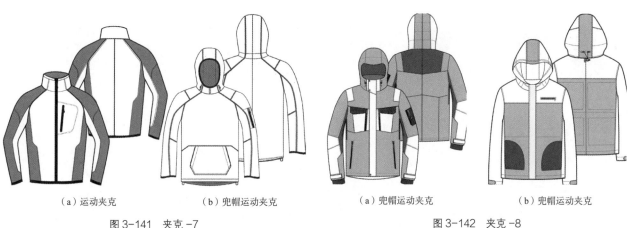

（a）运动夹克　　　　（b）兜帽运动夹克　　　　　　　　　（a）兜帽运动夹克　　　　（b）兜帽运动夹克

图 3-141　夹克 -7　　　　　　　　　　　　　　　图 3-142　夹克 -8

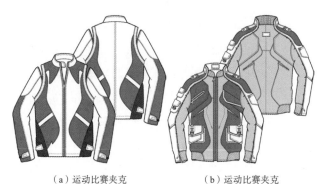

（a）运动比赛夹克　　　　（b）运动比赛夹克

图 3-143　夹克 -9

（a）运动比赛夹克　　　　（b）夹克

图 3-144　夹克 -10

（a）休闲夹克　　　　（b）休闲针织夹克

图 3-145　夹克 -11

（a）休闲罗口夹克　　　　（b）休闲毛袖夹克

图 3-146　夹克 -12

2. 衬衫

衬衫是简单实用的春夏季男装。普通衬衫讲究规范化和程式化，常用的正规领型是翻领结构的大八字领，也有小方领、扣子领、圆领、尖领、平领和小八字领等；肩部有育克，后背打褶；左胸有一个平贴袋，外形简洁、面积不大，没有袋盖和纽扣；前门襟六粒纽扣，采用简单的明搭门或暗搭门；一般袖口都用袖克夫，克夫有直角或圆角，宽度根据流行可以有微妙变化，克夫背面有剑形明袖衩，克夫上的纽扣也随流行有数量上的变化。一般正规衬衫的款式变化不多，造型总体基本不变，主要在领型、前胸和袖口部位进行设计和创新（图 3-147~ 图 3-149）。

衬衫除了这种标准型之外，还有礼服衬衫和休闲衬衫两个重要类别。礼服衬衫与男式礼服进行特定搭配，其造型尊重传统，中规中矩，款式雅致。礼服衬衫的特点是领式漂亮，有双翼领（小立领的领尖呈小尖角，成为双翼，用于燕尾服）和企领（用于塔士多礼服），前胸有一块 U 形部位，由树脂材料支撑，采用打壁褶、波形横褶的工艺处理；袖克夫采用双层翻折结构的法式克夫。

休闲衬衫比较偏离传统一点，设计随意、细节

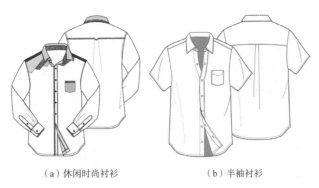

（a）休闲时尚衬衫　　　　　　（b）半袖衬衫

图 3-147　衬衫 -1

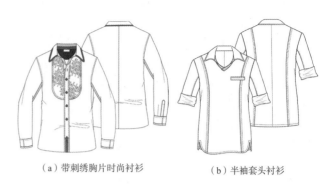

（a）带刺绣胸片时尚衬衫　　　（b）半袖套头衬衫

图 3-148　衬衫 -2

（a）无领罩衫　　　　　　　　（b）无袖衬衫

图 3-149　罩衫 / 衬衫

多变，在领型、廓型、颜色、花型甚至结构上不拘一格，打破传统规则，注入更多设计理念。有的强调图案，如几何图案、流行条纹、彩格图案还有大胆涂鸦的图案；有的突出面料的特殊肌理效果，并采用印花、刺绣、植绒、水洗、拼接等工艺；有的装饰点缀在衣领、克夫或门襟等小面积结构上；还有打破对称廓型的解构风格衬衫，把领、肩、胸、腰等部位的剪裁结构拆散后重新组合，形成新的结构。衬衫款式图绘制时一定要明确各种细节的表达，是如何进行结构工艺处理的。

3.套头式文化衫

　　T恤和卫衣是春夏季最常见的套头式文化衫，穿着舒适，方便大方，受众甚广。T恤的结构和造型非常简单，变化不多，主要款式有翻领T恤（Polo衫）、V字领T恤、圆领T恤和连帽式T恤，以及按季节分的长袖T恤（卫衣）和短袖T恤。T恤的设计变化主要在领口、袖口、底边、色彩、图案、面料上，近年来双层袖口、双层底边、双层领子的设计十分流行（图 3-150~ 图 3-160）。不同风格的T恤能适应不同的场合：在办公室和正规运动场合中穿Polo衫；在户外休闲时穿更时尚、更街头的T恤，如毛边、水洗、漂染等工艺造成喑哑残旧效果的T恤设计；年轻人喜欢明快张扬的色彩和图案，以涂鸦、印花、刺绣、铆钉等手法表现前卫和叛逆的风格；中老年人则用保守的格纹、条纹和其他几何图形面料体现稳重的格调。

　　需要注意的是，T恤的领子结构关系是绘图的重点，如果没有弄清楚，画图时就容易出现问题，如肩线和领子底线画错位了，没有交叉点，将领底线画得过高或过低。

（a）小包袖T恤　　　　　　　（b）半袖运动T恤

图 3-150　T恤 -1

（a）半袖运动T恤　　　　　　（b）连帽式长袖T恤

图 3-151　T恤 -2

（a）长袖系带 T 恤　　　　　（b）插肩袖 T 恤

图 3-152　T 恤 -3

（a）插肩袖印花 T 恤　　　　（b）长袖印花卫衣

图 3-153　T 恤 / 卫衣

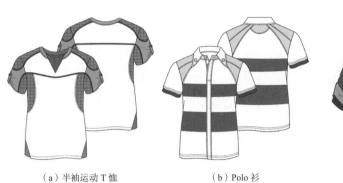

（a）半袖运动 T 恤　　　　　（b）Polo 衫

图 3-154　T 恤 /Polo 衫

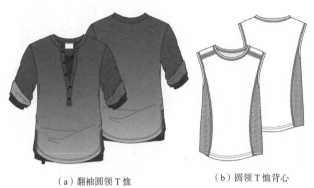

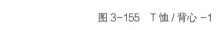

（a）翻袖圆领 T 恤　　　　　（b）圆领 T 恤背心

图 3-155　T 恤 / 背心 -1

（a）短长袖相接 T 恤　　　　（b）圆领 T 恤背心

图 3-156　T 恤 / 背心 -2

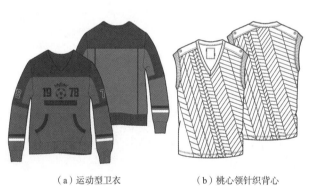

（a）运动型卫衣　　　　　　（b）桃心领针织背心

图 3-157　卫衣 / 背心

（a）对襟针织开衫　　　　　（b）圆领套头毛衫

图 3-158　针织开衫 / 套头毛衫

（a）对襟针织开衫　　　　　（b）对襟双排扣针织衫

图 3-159　对襟针织开衫 / 对襟双排扣针织衫

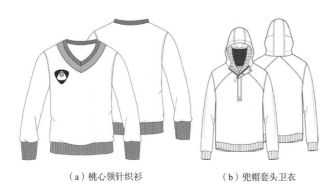

（a）桃心领针织衫　　　　　（b）兜帽套头卫衣

图 3-160　针织衫 / 套头卫衣

（a）传统西装背心　　　　　（b）时尚西装背心

图 3-161　背心 -1

4. 背心

背心是无领无袖的一种上衣款式，按用途一般分为礼服背心和运动休闲背心两种（图 3-161~ 图 3-163）。礼服背心与西服、西裤构成标准三件套形式，广泛应用于现代礼仪场合。作为男士礼服的标准配备之一，礼服背心配合整体的需要，遮盖住衬衫与裤子在腰节处的连接部位，使服装整体造型流畅得体。礼服背心主要特点是领型古典优雅，弧线优美，有 V 领、倒尖领和青果领多种选择，双排扣或单排扣皆可，四个对称的双线插袋，下摆到腹部呈优美的 W 形。

运动休闲背心种类繁多，如钓鱼背心、猎装背心、牛仔背心、羽绒背心、皮革背心等。这类背心的设计变化大多集中在多口袋设计上，口袋的位置、形状和功能也各不相同，装饰性和功能性并存。绘制背心时，需掌握好领口和衣长的比例关系和合体程度。

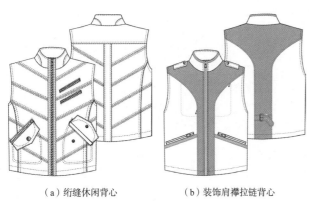

（a）绗缝休闲背心　　　　　（b）装饰肩襻拉链背心

图 3-162　背心 -2

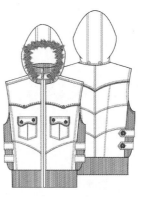

（a）带帽育克罗口休闲背心　　　　　（b）带领巾时尚背心

图 3-163　背心 -3

四、裤装款式图的表现

裤子是现代男装中唯一的下装形式，造型上"稳中求变"，种类十分丰富。男裤从形状上可以分为直筒裤、萝卜裤、大口裤、紧身裤；从长短上有长裤、九分裤、七分裤和三分裤（百慕大短裤）之分；从功能上还有西裤、马裤、运动裤、休闲裤、牛仔裤等品种。

男裤的局部变化形式也很多：裤型与腰节的变化相互对应，会出现更丰富的造型；裤腰下的插袋

有直插袋、斜插袋和平插袋；裤后开袋有单开线、双开线和加袋盖的双开线袋；裤前腰的褶裥有双褶、单褶和无褶；脚口有翻裤脚、平裤脚和马蹄脚三种形式。有时也会受流行趋势的影响，出现一些时尚的新款，如哈伦裤。

男式西裤最大的特点是合身、简洁、精致，放松量适中，给人以平和稳重的感觉，以此来展现男性干练阳刚之美（图 3-164、图 3-165）。一般西裤有腰头设计，裤前后有活裥和省道，对称侧插袋，臀部有对称的两后袋，立裆较高，裤腿为直线往

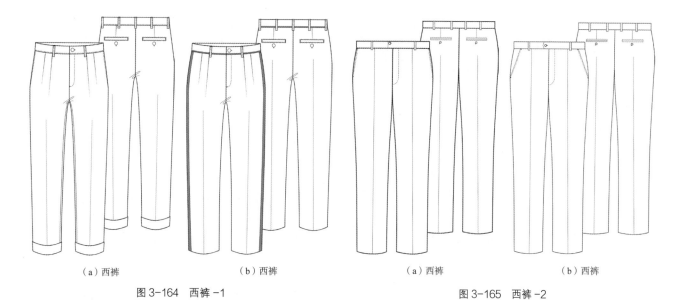

（a）西裤 （b）西裤
图 3-164 西裤 -1

（a）西裤 （b）西裤
图 3-165 西裤 -2

下，稍稍内收，接近直筒形，并有明显的裤线，裤脚口翻边或不翻边均可，裤长一般盖过脚面 2~3cm 为宜（以免在行走时露出袜子），这是西裤的标准型。现代西裤也受时尚的影响，变得越来越时尚化和年轻化。有的西裤裁剪包身、修长、低腰，逐渐模糊了与休闲裤的界限，有的流行到膝盖以上 2~3cm 的西装短裤，还有露出脚踝、颇具街头感的七分西装裤、九分西装裤。

运动裤既包括针对某项运动设计的专业裤型，如田径短裤、泳裤、马裤、高尔夫裤、滑雪裤、登山裤、牛津袋裤、丛林裤等，也包括年轻人喜爱的一般性运动裤。

休闲裤包含了一切非正式场合穿着的裤子，比西裤随意、舒适而且流行感强。休闲裤有各种设计与机能，穿着方法多种多样，呈破旧感的水洗裤、与皮革或针织拼接的牛仔裤、带有工装元素和军装元素的多口袋裤、充满另类风情图案的涂鸦裤和刺绣印花风格的民族裤，以及大量多变实用的工艺手法之作的时装裤，也可以配 T 恤、衬衫、休闲西服等各种上衣，使休闲裤更加人性化、时尚化，成为今天男裤的主导性品类（图 3-166 ～图 3-177）。

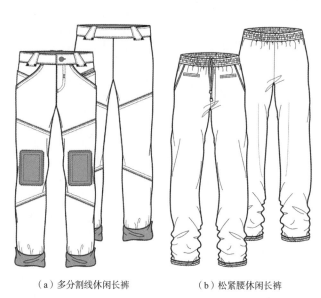

（a）多分割线休闲长裤 （b）松紧腰休闲长裤
图 3-166 长裤 -1

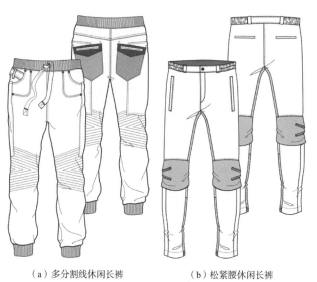

（a）多分割线休闲长裤 （b）松紧腰休闲长裤
图 3-167 长裤 -2

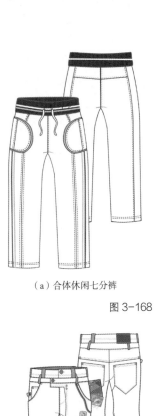

（a）合体休闲七分裤　　　（b）多分割线休闲七分裤

图 3-168　七分裤 -1

（a）多分割线休闲七分裤　　　（b）牛仔长裤

图 3-169　七分裤 / 长裤

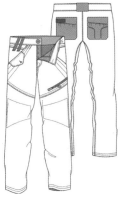

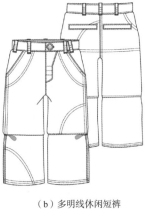

（a）七分休闲裤　　　（b）七分休闲裤

图 3-170　休闲裤

（a）背带短裤　　　（b）多明线休闲短裤

图 3-171　短裤 -1

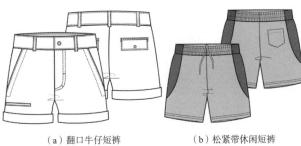

（a）翻口牛仔短裤　　　（b）松紧带休闲短裤

图 3-172　短裤 -2

（a）百慕大短裤　　　（b）翻口合体六分裤

图 3-173　短裤 / 六分裤

（a）时尚解构短裤　　　（b）时尚拼接短裤

图 3-174　短裤 -3

（a）松紧带休闲七分裤　　　（b）百慕大短裤

图 3-175　七分裤 / 短裤

（a）拼接休闲七分裤　　　　（b）兜袋抽腰七分裤

图 3-176　七分裤

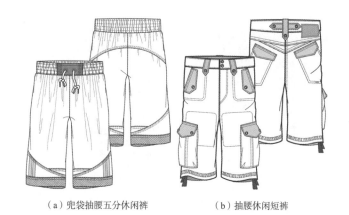

（a）兜袋抽腰五分休闲裤　　　　（b）抽腰休闲短裤

图 3-177　休闲裤 / 短裤

第三节　童装款式图设计表达

儿童即较幼小的未成年人，是人一生中成长最快、变化最多的时期。随着年龄的增长，儿童的生理特征呈现显著的改变，体形与身高一直增长，身体随发育逐渐拉长四肢的比例，但不同阶段增长速度也不同。

因为处在一个快速成长期，此类人群的年龄变化对于服装设计有着非常大的影响，下面要分析的是按年龄分类的四个童装阶段：婴幼期（0~3 岁）、幼园期（4~6 岁）、小学期（7~12 岁）、中学期（13~16 岁）。童装是针对这些年龄段设计的着装，造型多、款式众、品种杂，数量庞大。童装按季节分，春 / 夏季有连体服、女童裙装、男女童的裤装、衬衫、T 恤等，秋 / 冬季有外套类的夹克、羽绒服、派克服、夹棉外衣、大衣、斗篷；按材料分，牛仔和针织是较大的两类；按用途分，又分为家居服、内衣、泳装、校服、节日盛装等。

与成人装相比，童装款式更注重舒适性和活动性。童装多用 A 形和 H 形的外轮廓造型，既宽松舒适又方便运动，材料倾向于质地柔软、吸湿排汗、色彩鲜明，在局部和细节上的装饰和点缀也以体现儿童的天真烂漫为主，符合儿童生理和心理特点的风格是童装设计的重要视点。

画童装要重点掌握不同年龄阶段人体比例的变化，比例的不同会使服装形成不同的外观效果，把握好每个年龄段的身体结构和比例，才能掌握童装绘制款式图的要领。

一、婴幼期款式图的表现

1 岁之内为婴儿，婴儿体形呈纺锤形，身长约为 3 个半头长。婴儿服装要根据这个时期的婴儿特点进行设计：婴儿睡眠多，发汗亦多，以吸湿性强、透气性好的天然纤维为宜；为了免受束缚，婴儿装需要足够的放松度，不需要讲究衣服的结构样式，而是要尽可能减少缉缝线，不宜有腰接线和育克；婴儿颈部很短，以无领为宜；注意系扣结构的合理运用；衣服、帽子或围嘴上面的绳带不宜太长，也要减少在衣裤上使用松紧带。裤门襟开合要得当，以便清洁工作；为了便于穿脱和保暖的需要，多使用交叉领和扁平带子设计。

婴儿装的品类一般有罩衫、连脚裤、组合套装、披肩、背心、睡袋、斗篷、围嘴、围兜、尿不湿、帽子、围巾、袜子等（图 3-178~ 图 3-189）。

婴儿的基本款式为罩衣。罩衣是宽松肥大的上衣，造型简单，以方便舒适为主，斜襟式门襟，方便开合。门襟敞闭的合理设计在绘图时是十分重要的。婴儿的另一款主要着装是爬服。爬服的最大特点是宽松的连身设计。爬服穿脱方便，基本都是全开扣或者绑带，只需把爬服打开就能轻松更换尿布。爬服的开裆设计也让换尿布变得更简单。而且

（a）婴儿哈衣

（b）婴儿背带裤

图 3-178　哈衣 / 背带裤

（a）婴儿连身装

（b）婴儿背心

图 3-179　连身装 / 背心

（a）婴儿连身装

（b）婴儿睡袋

图 3-180　连身装 / 睡袋

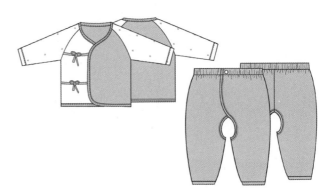

图 3-181　婴儿组合套装

（a）婴儿帽

（b）婴儿袜

图 3-182　帽 / 袜

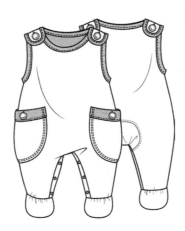

图 3-183　婴儿连体裤

（a）婴儿连身装

（b）婴儿背带裤

图 3-184　连身装 / 背带裤

（a）婴儿棉外套

（b）婴儿背心

图 3-185　外套 / 背心

（a）婴儿连体裤

（b）婴儿连身装

图 3-186 连体裤 / 连身装

（a）婴儿斗篷

（b）婴儿抱被

图 3-187 斗篷 / 抱被

（a）婴儿围嘴

（b）婴儿围嘴

图 3-188 围嘴

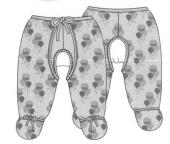

图 3-189 婴儿套装

裤裆低而肥，穿起来既不紧绷，还便于放尿布。爬服分为包脚和不包脚两种，也有圆领、V 领、连帽领等不同领型。爬服外形呈 O 形，腰部松弛，一体式设计比较饱满、圆润，体积感强，是一种非常有趣味的样式。还有一种婴儿爬服是中式斜门襟设计，衣服系带，适合脖颈较软的新生儿。

肚兜与围嘴都是为了防止婴儿弄脏衣服的设计，主体部分通常为方形，有颈后系带式、颈后魔术贴式、颈侧魔术贴式等。画图时注意形状和系带的表达。披风类婴儿外出服基本不受结构因素的制约，从而变化丰富，应根据模板绘画，避免比例失衡。

1~3 岁的幼儿开始学会走路和说话，活泼好动，但缺乏自控能力，童装设计时要考虑到安全和卫生功能。同时，这个时期也是心理发育的启蒙期，服装中开始适当加入男女倾向。

幼儿装应着重于宽松活泼的造型，为了孩子的生长和运动，服装上基本不做省道处理，较少使用腰线，服装外轮廓以方形、长方形、A 字形为主要。幼儿装应考虑其颈短的特点，尽量不要设计烦琐的领型和复杂的领口花边，领子应平坦而柔软。幼儿装的局部设计很丰富，为符合幼儿藏东西的可爱天性，可在背带裤和连衣裙上进行贴袋设计，利用服装的分割线做一些色块拼接。

绘制款式图时，不仅要把握准确的比例关系，还需清晰表达出服装的特殊结构与开合部位（图 3-190~ 图 3-199）。

（a）连衣裙

（b）背带裤

图 3-190 连衣裙 / 背带裤

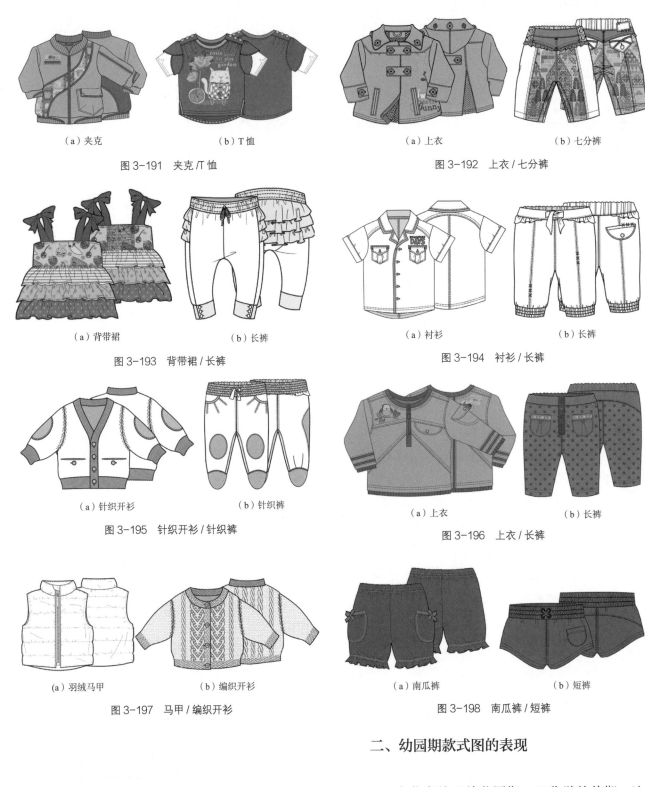

（a）夹克　　　　　　　　　（b）T恤

图 3-191　夹克 /T 恤

（a）上衣　　　　　　　　　（b）七分裤

图 3-192　上衣 / 七分裤

（a）背带裙　　　　　　　　（b）长裤

图 3-193　背带裙 / 长裤

（a）衬衫　　　　　　　　　（b）长裤

图 3-194　衬衫 / 长裤

（a）针织开衫　　　　　　　（b）针织裤

图 3-195　针织开衫 / 针织裤

（a）上衣　　　　　　　　　（b）长裤

图 3-196　上衣 / 长裤

（a）羽绒马甲　　　　　　　（b）编织开衫

图 3-197　马甲 / 编织开衫

（a）南瓜裤　　　　　　　　（b）短裤

图 3-198　南瓜裤 / 短裤

二、幼园期款式图的表现

4~6 岁儿童处于幼儿园期，又称学龄前期。这一时期儿童的身高增长较快，而围度增长较慢，身长已有 5 个头长。幼园期儿童的胸腰臀尺寸仍差距不大，但男孩女孩在性格上开始显出差异。

为适应幼园期儿童的心理，在服装设计上增加些趣味性、知识性的图案装饰，如比较醒目的卡通画、动物、花卉等。同时，学龄前儿童已学会自己穿脱衣服，考虑到这一点，这一阶段的儿童适合穿

（a）羽绒服　　　　　　　　（b）罩衫

图 3-199　羽绒服 / 罩衫

上下装分开的服装。此外，为适应儿童逐渐扩大的活动范围，服装需要有适当的放松量，基本不设腰省，但在腰腹部可适当进行抽褶处理。

幼园期儿童服装品种有女孩的背带裙、连衣裙、长裙、短裙、长裤、衬衫、外套、大衣，男孩的运动衫、衬衫、夹克、外套、长裤、短裤、背心等。绘图时要注意画出幼园期的体形特征，因为许多形式和结构与婴幼期有很大相似，需要设计者在画款式图时细心把握幼园期与婴幼期的差异（图 3-200～图 3-209）。

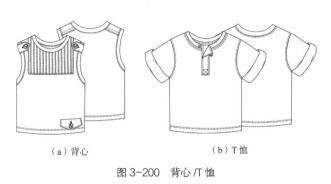

（a）背心　　　　　　　（b）T恤

图 3-200　背心 /T 恤

（a）背心　　　　　　　（b）衬衫

图 3-201　背心 / 衬衫

（a）兜帽运动衣　　　　　（b）运动裤

图 3-202　运动衣 / 运动裤

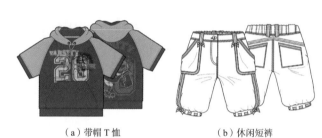

（a）带帽T恤　　　　　（b）休闲短裤

图 203　T恤 / 短裤

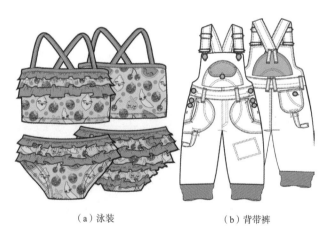

（a）泳装　　　　　　　（b）背带裤

图 3-204　泳装 / 背带裤

（a）针织开衫　　　　　（b）七分裤

图 3-205　针织开衫 / 七分裤

（a）棉服　　　　　　　（b）针织背心

图 3-206　棉服 / 背心

（a）针织开衫　　　　　（b）T恤

图 3-207　针织开衫 /T 恤

（a）外衣

（b）夹克

图 3-208　外衣 / 夹克

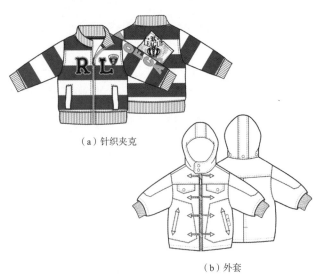

（a）针织夹克

（b）外套

图 3-209　夹克 / 外套

三、小学期款式图的表现

7~12 岁为小学期，这一年龄段的儿童体形逐渐匀称，身高为头长的 6 倍。男女孩的体格差异在小学期日益明显，此时女孩的发育超过了男孩，开始出现胸围与腰围差。小学期的儿童逐渐脱离了幼稚感，对服装开始有自己的爱好，对美的敏感度也开始增强（图 3-210~ 图 3-219）。

正处于学龄期的这些儿童已进入小学，服装开始有了场合的区分。日常服装造型仍从服装的功能性和实用性角度来考虑，以宽松为主，但可以根据体形的变化而收省。一般采用 H 形的组合服装，以上衣、罩衫、背心、裙子、长裤等搭配，其特点是宽松舒适、修长简约。考虑到小学生的运动习惯和行走方便，大多数服装都设有底边开衩，增强实用价值。

小学期童装的另一个重要品类是校服，校服按功能分为制服和运动服两类，特点是规范、整齐、严肃、大方，强化学校的整体形象，增强集体荣誉感。校服对培养学生的团队精神方面有着无形的影响，小学生校服设计应展现学生精神抖擞、活力飞扬的一面，不宜过于追赶潮流或施以过多装饰。需要注意的是，男女童的图案基调和装饰部位有一定差异，这些位置必须交代清楚。

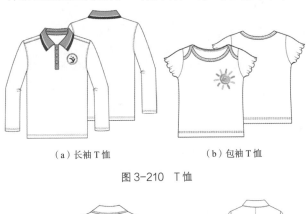

（a）长袖 T 恤

（b）包袖 T 恤

图 3-210　T 恤

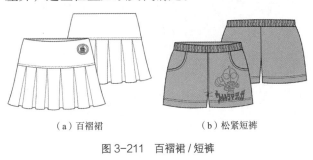

（a）百褶裙

（b）松紧短裤

图 3-211　百褶裙 / 短裤

（a）小西装

（b）衬衫

图 3-212　小西装 / 衬衫

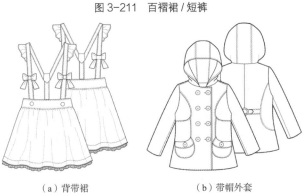

（a）背带裙

（b）带帽外套

图 3-213　背带裙 / 外套

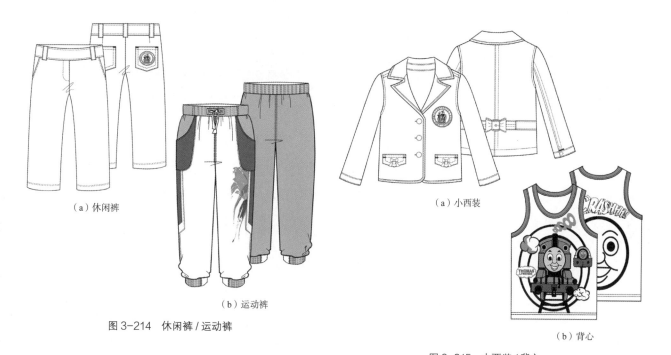

（a）休闲裤

（b）运动裤

图 3-214　休闲裤 / 运动裤

（a）小西装

（b）背心

图 3-215　小西装 / 背心

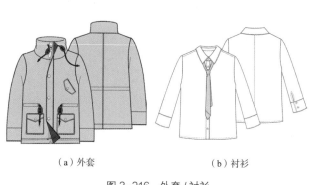

（a）外套

（b）衬衫

图 3-216　外套 / 衬衫

（a）羽绒服

（b）棉外套

图 3-217　羽绒服 / 外套

（a）棉外套

（b）休闲裤

图 3-218　外套 / 休闲裤

（a）卫衣

（b）运动服

图 3-219　卫衣 / 运动服

四、中学期款式图的表现

13~16 岁的大童处于初高中教育阶段，又称少年期。这一阶段的少年逐渐向青春期转变，身体发育明显，性别差距拉大且特征明显，与成人体形区别不大。女孩的成长发育率有所下降，腰线、肩线和臀围线已渐渐明显可辨，身材也日渐苗条。相比之下，男孩的身高、体重、骨骼与肌肉的发育均超过了女孩，肩部平宽，臀部显窄，头身比例达到1：7.5。不过他们的身材仍然比较单薄，介于儿童和青年之间。

少年装的设计难度较大，因为这个阶段的少男

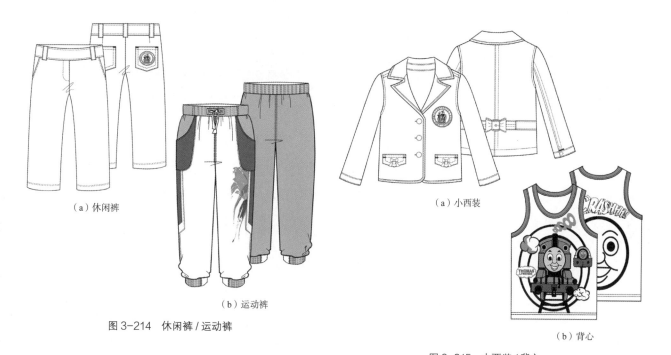

少女自我意识迅速发展，产生"成人感"，但又缺乏社会经验，所以在心理和生理方面都是一个过渡期，少年装也就介于儿童装和青年装之间，不太有自己的特点。

由于生理上的显著变化，少女装以具女性化的X形轮廓为主，外套、上衣、连衣裙、衬衫都使用X形，收紧的腰部、自然的臀形，具有柔和、优美又青春的性格特点。男少年的日常活动范围也越来越广泛，服装有近似成人的样式。T恤、针织衫、衬衫与牛仔裤、长裤、短裤，运动衣与宽松长裤的配穿都很受青睐。

校服是中学期的典型服装，以活动量较大的矩形或布袋形为主要廓型，也是学生青春时代的专属标志。

在绘制少年装时，实际上服装款式与成人装非常相似，只要真正了解少年人体与成人体的区别，分析好少年装特有的结构线和比例关系，绘画时便能发挥主观能动性，游刃有余地进行设计和绘图（图3-220～图3-229）。

（a）外套裙　　　　　　（b）连衣裙

图3-220　外套裙/连衣裙

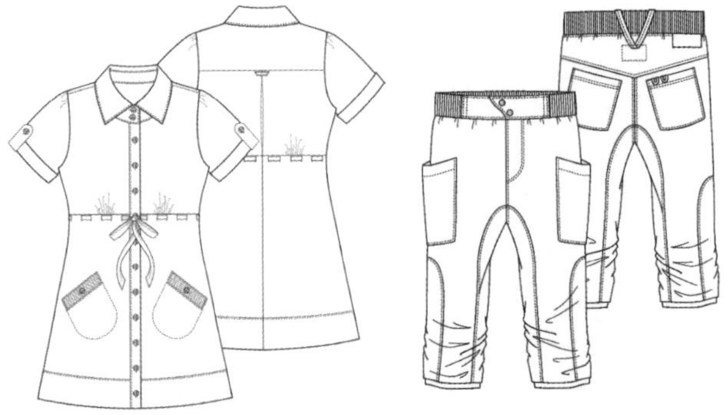

（a）连衣裙　　　　　　（b）休闲七分裤

图3-221　连衣裙/七分裤

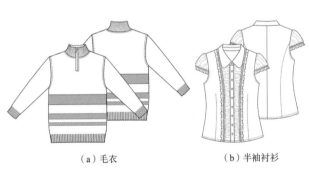

（a）毛衣　　　　　　（b）半袖衬衫

图3-222　毛衣/衬衫

（a）休闲夹克　　　　　　（b）T恤

图3-223　夹克/T恤

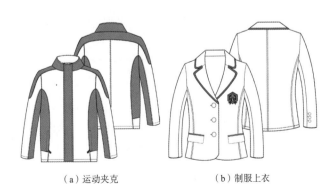

（a）运动夹克　　　　　　（b）制服上衣

图3-224　夹克/上衣

（a）制服衬衫　　　　　　（b）运动夹克

图3-225　衬衫/夹克

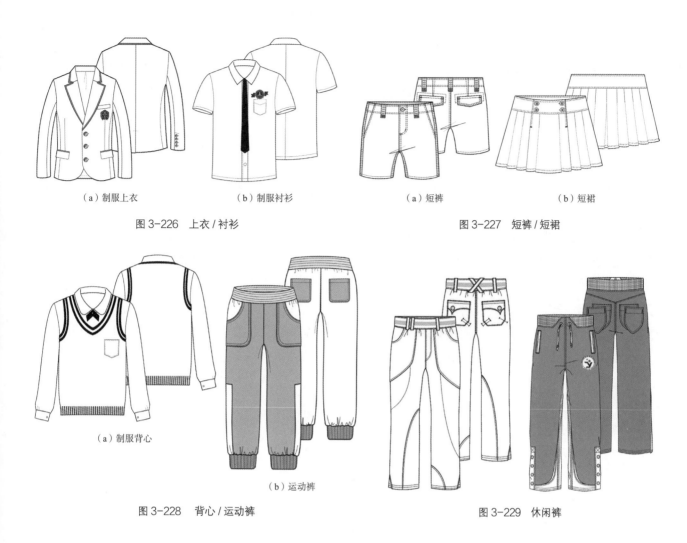

（a）制服上衣　　　（b）制服衬衫

图 3-226　上衣 / 衬衫

（a）短裤　　　（b）短裙

图 3-227　短裤 / 短裙

（a）制服背心

（b）运动裤

图 3-228　背心 / 运动裤

图 3-229　休闲裤

第四节　特定品类服装款式图设计表达

一、内衣和家居服款式图的表现

内衣是指贴身穿的衣物，包括文胸、内裤、背心、汗衫、短裤、抹胸、束裤等，直接接触皮肤，是现代人必备的服饰大类。

女性内衣种类丰富，尤其是贴身文胸，造型紧凑、风格多样，成为女性内衣的最大品类。文胸按功能分类，有矫形文胸、保健文胸和装饰文胸。按照胸型分为圆盘形、圆锥形、半球形、纺锤形、下垂形和外扩形。按罩杯、拉架、肩带和底边的不同形式，又分为固定式文胸、丰满式文胸、塑形式文胸、显露式文胸、无痕式文胸、运动式文胸还有小清新文胸。

文胸和内裤以轻薄柔软的棉织物为主要面料，有良好的舒适感。为了增添内衣的性感与妩媚气质，为女性带来一种内在的自信，如今蕾丝面料因料质地轻薄而通透，具有优雅而神秘的艺术效果，成为内衣领域的重要装饰辅材，甚至成为某些文胸的主体材料。

蕾丝是一种从刺绣、空花绣、金银饰带和辫子演变而来的古老纺织工艺。最早由钩针手工编织，是一种花纹繁复的网眼组织，早期在晚礼服和婚纱上用得很多。18 世纪，欧洲宫廷和贵族男性在袖口、领襟和裤沿也曾大量使用。常用的蕾丝有经编蕾丝（通过针织经编工艺制作）绣花蕾丝（通过绣花工艺制作）和其他蕾丝（如复合蕾丝，烫金蕾丝等）。今天，蕾丝已成为时尚内衣的核心素材，成为贴身衣物不可或缺的装饰部分。随着内衣外穿理念的传播，"透明装"和"透视装"持续流行，内衣也越发时髦，越多与外衣结合，成为 T 台和街头时尚的宠儿（图 2-230 ~ 图 2-238）。

家居服是在家中休养时穿着的一种舒适服装，特点为面料舒适、款式简单、行动方便。家居服由睡衣演变而来，却青出于蓝而胜于蓝，早已摆脱了睡衣的概念，涵盖范围更广。如今社会气氛越来越宽松和活跃，居家着装也向着新的款式发展，发生根本性的变化，体现出越来越讲究的生活态度。家居服的属性是介于内衣和外衣之间的服装，健康、舒适、简单、温馨，是当代家居服设计的主线。

人们在环保意识的影响下，家居服掀起"生态学热"的风潮，回归自然，返璞归真。这一主题在家居服饰领域有三种表现方式：

（1）自然色：自 20 世纪 80 年代后期以来，海滩色、泥土色、森林色、天空色、冰川色、麦田稻草色以及非洲原始民族的自然色彩，一直是非常受欢迎的家居服流行色。人们从服装上最为敏感的色彩出发，表现人类与自然的依存关系。

（2）自然形："构筑式"服装对人体进行了某些束缚，穿着感觉不舒服，自然形与它相反，在服装造型上追求无拘无束的舒适性，不矫揉造作，不加垫肩，流行自然肩线，追求原始民族服饰中那些自然随意的造型特点，崇尚民间的、乡村的、田园式的美感。比如，日本的森女系服饰风格、中国风的半成型类服饰，还有解构主义等造型，都属于自然形的代表。

（3）怀旧风：流行的出发点由发达的城市转向偏远的乡村，由现代工业化社会，转向农业文明时代那富有人情味的古典风格，用这种回归的心态，形成对过去的旧物的眷恋。如褪色针织装就是怀旧风的体现。

针织物在家居服设计中显得尤为突出。针织是由线圈相互穿套连接而成的织物，组织变化多样，

（a）网眼纱装饰内衣

（b）蕾丝装饰底裙

图 3-230　内衣 / 底裙

（a）蕾丝塑身衣

（b）蕾丝装饰打底裙

（c）印花泳衣

图 3-231　塑身衣 / 打底裙 / 泳衣

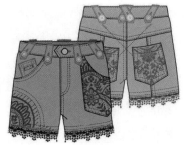

（a）塑身衣

（b）蕾丝打底裤

（c）蕾丝拼接短裤

图 3-232　塑身衣 / 打底裤 / 短裤

（a）蕾丝睡裙

（b）蕾丝睡裙

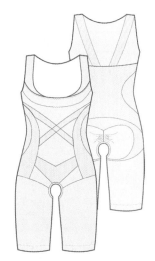
（c）连体塑身衣

图 3-233 睡裙 / 塑身衣

（a）保暖衣

（b）蕾丝透视衬裙

（c）蕾丝衬裙

图 3-234 保暖衣 / 衬裙

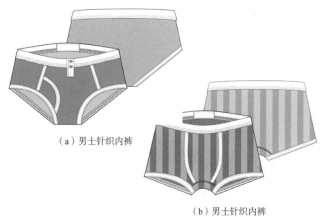
（a）男士针织内裤

（b）男士针织内裤

图 3-236 内裤 -1

（a）蕾丝装饰内衣

（b）蕾丝装饰内衣

图 3-235 内衣

（a）波点装饰内衣

（b）波点装饰内裤

图 3-237 内衣 / 内裤

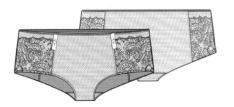
（a）蕾丝中腰内裤

（b）蕾丝高腰内裤

（c）蕾丝低腰内裤

图 3-238　内裤 -2

（a）茧形家居服

（b）茧形家居服

（c）罩衫类家居服

图 3-239　家居服

生产方法分为经编针织物和纬编针织物两类。针织服装或粗犷，或休闲，或优雅，或活泼，是家居服的重要材质。

针织家居服的组织结构和肌理效果有很多种，传统的花织纹有钻石形、雪花形、绳编形、松紧形。常见图形有几何交织、粗细横条正反对撞、麻花形等经典的连续图案。变化无穷的工艺手法使得针织家居服获得了丰富多变的纹理效果和立体感，所以画这类家居服款式图时应把材料肌理进行深入表现，将服装的量感、空间感和层次感交代清楚（图 3-239~ 图 3-244）。

（a）编织背心

（b）针织背心

（c）针织长背心

图 3-240　背心

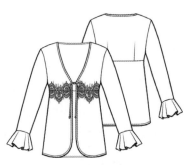
（a）蕾丝对襟家居开衫

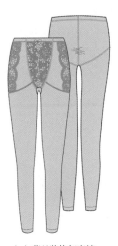
（a）蕾丝装饰打底裤

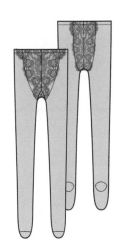
（b）蕾丝装饰连裤袜

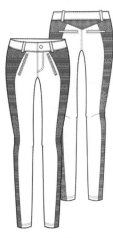
（c）蕾丝拼接紧身裤

图 3-241　打底裤 / 连裤袜 / 紧身裤

（b）蕾丝对襟家居开衫

图 3-242　家居开衫

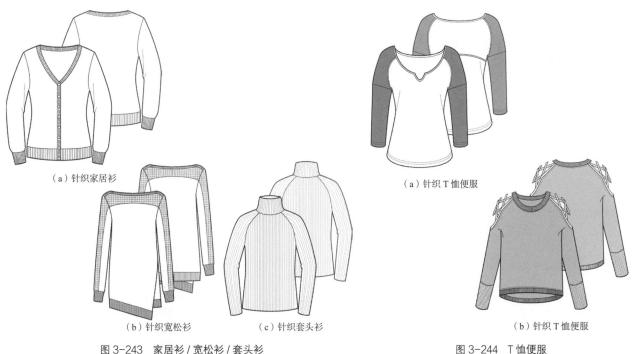

（a）针织家居衫

（b）针织宽松衫　　　（c）针织套头衫

图 3-243　家居衫 / 宽松衫 / 套头衫

（a）针织 T 恤便服

（b）针织 T 恤便服

图 3-244　T 恤便服

二、运动和户外装款式图的表现

　　运动装是指专用于体育运动和体育竞赛的服装，广义上还包括从事户外体育活动所穿用的户外休闲服装。运动服一般按照运动项目的特定要求为专项运动而设计，分为田径服、球类服、水上服、冰上服、举重服、摔跤服、体操服、登山服、击剑服（图 3-245～图 3-251）。

　　在西方，运动装已流行了一百多年，如果说 19世纪贵族运动还只是一种隐约的开始，那么，随着户外活动的兴起，体育运动不再只是比赛，也包含了娱乐、旅行、度假甚至社交等动机，运动装从体育场渐趋进入日常生活。19 世纪后期，女子参与到更多的男性体育活动中来。她们同男子一样，夏季到海滨游泳、晒日光浴；冬季去高山滑雪、溜冰；崇尚网球、高尔夫球等时尚的球类运动；还选择骑

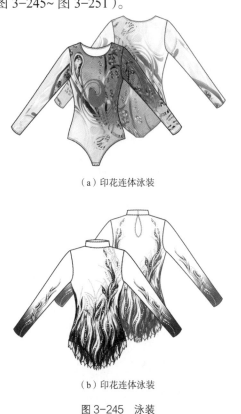

（a）印花连体泳装

（b）印花连体泳装

图 3-245　泳装

（a）网球裙　　　　　（b）网球裙

（c）运动连帽外套

图 3-246　网球裙 / 外套

（a）篮球服

（b）球类比赛服

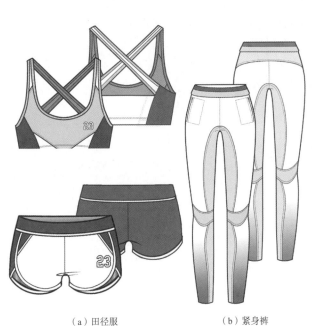

（a）田径服　　　　　　　（b）紧身裤

图 3-247　田径服 / 紧身裤

（c）泳裤

图 3-248　篮球服 / 比赛服 / 泳裤

（a）运动外套

（b）运动风格时装

（c）休闲外套

图 3-249　外套 / 时装

（a）运动休闲裤

（b）运动风格时装

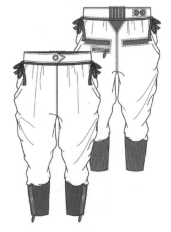

（c）马裤

图 3-250　休闲裤 / 时装 / 马裤

（a）比赛连身裤　　　　　　　　（b）户外连体裤　　　　　　　　（c）户外风格大衣

图 3-251　连身裤/连体裤/大衣

自行车或者徒步旅行的休闲方式，甚至骑马等古老的英式礼仪运动。在追求新潮的运动生活的同时，富机能性的现代运动装逐渐成形。

第一次世界大战以后，全世界掀起了一股比较随意和舒服的穿衣热潮——运动装广受大众青睐。日本体育学家岸野雄三认为，运动服装并非为少数竞技运动选手专有，它更为了满足人们活动时的多种爱好与趣味，这在体育史上具有很重要的意义。运动装不仅促进了服装现代化进程，更发展成今天户外锻炼、旅行广为使用的休闲服装。著名设计师香奈儿也倡导服装界的运动风格，她以自己简朴的设计被称为"运动型之母"。

如今，运动装已形成了庞大的家族。其设计的基本宗旨，即从活动机能出发。出于对服装的防护机能的需要，运动装不可随意设计，在机能性方面出于保护考虑需人为设定。可以看到，尤其是比赛场合中的运动装，运动员的标准穿戴缺少任何一样都会被禁止上场。例如，运动员以穿背心、短裤为主；球类服以短裤配宽松套头式上衣；体操服要显示人体及动作的优美，男子一般穿通体白色的长裤配背心，女子穿针织紧身衣或连裤衣；剑保护服由质地结实的特氟龙面料制成，上衣内还要穿硬质护胸板；花剑和佩剑运动员要穿一件金属衣；冰雪项目中高山滑雪服、单板滑雪服要防水、防风、透气，还要用一些护具如护膝、护肘、护腕、护臀等；赛车服是职业或者业余赛车选手所必穿的套装，分赛车夹克和赛车连体服。以阻燃材料为原料；举重比赛中男运动员必须穿护身或紧身三角裤，女运动员必须戴胸罩、穿紧身三角裤；水上运动项目规定泳衣材料必须是"纺织物"，回归短泳衣；激烈对抗性的比赛则规定有更完备的护具。以上这些例子都是为了在运动中保护身体而人为设定的规则。

户外装是相对于家居服而言的外出服，侧重于运动型的服装风格。户外装属便服类，主要风格以运动、舒适、休闲为主，借用现代术语来说，也称休闲类。现代户外装的发展是多方面的，不仅是平日里穿的日常服装，还包括各种探险旅行及户外活动时需要的服装。它明显比正装受到的约束小，所以形式多样，用途多种，是使用率最高的服装。户外装包括夹克、马甲、衬衫、毛衣、T恤、斗篷等上衣，还有裤子、半身裙等下装，以及冲锋衣、抓绒衣等外套（图 3-252 ～图 3-260）。

随着社会生活的纷繁多样，人们越发开始营造个性化的、丰富的生活方式。在服装形式上，放宽了以往的场合限制，在样式上不拘一格，而只要符合舒适和时髦即可，户外装基本上是按这种要求来设计的。户外装一般采用斜纹劳动布、斜纹粗棉布、牛筋劳动布等工装面料，或仿麂皮、灯芯绒、平绒等耐磨面料制成，具有耐磨、耐脏，穿着贴身、舒适等特点，是一种年轻活力的冒险精神和帅气不羁的设计风格，受到年轻人的喜爱。

今天，户外装巧妙地迎合着流行，不断地变换出新的款式，在时装领域占据了一块极大的地盘。

（a）户外风格机车夹克　　（b）户外风格拼接夹克　　　　（a）户外风格 Polo 衫　　　（b）半截裤

图 3-252　夹克 -1　　　　　　　　　　　图 3-253　Polo 衫 / 半截裤

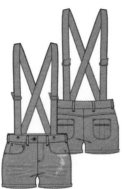

（a）工装风背带裤　　（b）工装风背带裤　　（c）工装风连体裤　　　　（a）派克夹克　　　（b）户外花边工装裙

图 3-254　背带裤 / 连体裤　　　　　　　　　　　图 3-255　夹克 / 工装裙

（a）半袖户外连衣裙　　（b）户外风格外套　　（c）休闲衬衫　　　　（a）印花喇叭裤　　（b）高腰长裤　　（c）拼接直筒裤

图 3-256　连衣裙 / 外套 / 衬衫　　　　　　　　　图 3-257　喇叭裤 / 长裤 / 直筒裤

（a）复古对襟夹克　　　（b）拼接机车夹克　　　　　（a）派克装　　　　（b）拼接式背心

图 3-258　夹克 -2　　　　　　　　　　　图 3-259　派克装 / 背心

（a）波点紧身休闲裤　　　　　（b）喇叭裤　　　　　（c）连身式工装

图3-260 休闲裤/喇叭裤/工装

户外裤材质多种，款式更是不胜枚举，可以休闲、可以随意、可以狂野，当然也可以性感。伴随时尚界的怀旧风，发展出很多复杂高深的处理工艺，其中充满穿着质感的户外装无疑最有看头：洗水是人工做旧的工艺，因为棉织物落水洗涤都会产生不同程度的落色。揉、撮、褪、磨，都是为了造就好看的洗水效果。

随着新型整理工艺的发展，户外服装越发风格化、时装化。户外装最重要的特点是织物上的装饰效果，如车花、纽扣、铆钉、布边、皮标、明线。所以对于绘制服装款式图来说，理解面辅料的特效肌理对画户外服装非常有帮助。在绘画时，从户外服装的廓型入手，然后画结构线，接着画肌理和装饰辅料。户外装的结构线比一般服装多，也更容易增添效果。

三、皮草装款式图的表现

动物毛皮是来自大自然的一种服装用料，由皮板和毛被构成。鞣制后的动物毛被称为皮草，而光面或绒面的皮板称为皮革，动物毛皮经过加工处理，可以制成皮草与皮革两大服装材料。

皮革主要有猪皮革、牛皮革、羊皮革、马皮革等，另有少量的鱼皮革、爬行类动物皮革、两栖类动物皮革、鸵鸟皮革等。其中牛皮革又分黄牛皮革、水牛皮革、牦牛皮革和犏牛皮革；羊皮革分为绵羊皮革和山羊皮革。在主要几类皮革中，黄牛皮革和绵羊皮革，其表面平细，毛眼小，内在结构细密紧

实，革身具有较好的丰满和弹性感，在服装使用中最广泛。裘皮长在皮板上，又分为底绒和枪毛这样两种体毛。底绒是贴近皮板的一层绒毛，厚密柔软，比较短细；枪毛也称粗毛、针毛，处在最外层，较稀疏，但光泽度高，在光线下如丝绸一样闪光。不同的动物有自己特殊的外观特征，例如同样是狐皮的银狐与蓝狐就区别明显，银狐枪毛长，底绒薄；蓝狐则枪毛短，底绒密。青紫蓝、獭兔仅有底绒而无枪毛；海豹、斑马则只有枪毛而没有底绒；羔羊的毛卷曲且紧贴皮板；滩羊毛则蓬松散开，枪毛长而卷曲。

皮草服装分为：全毛皮服装（整件服装全部采用毛皮制作，设计过程中涉及毛皮拼合问题）、毛皮饰边（将裘皮作为装饰点缀，最常见的是将帽子、领口、袖口和衣边饰以裘皮，在服装设计上强调其位置、形式及与其他面料的搭配）和毛革两用服装（利用毛皮硝制技术进行加工处理，一面皮草，一面皮革，使其两面皆可穿着，常见以绵羊皮、兔皮等原料制作）。

在毛皮制作工艺中，抽刀拼接法、原只裁剪法、半只拼接法和碎料拼接法是运用最早最普遍的工艺。抽刀拼接法使皮张伸长，长度增加，宽度缩小，达到所需长度后缝合，使其成为服装的单元裁片。原只裁剪法保持动物毛皮的原始外观，适用于短毛裘皮，有时可在拼缝处加入流苏甚至添串皮条等手法，以突出原皮的组合方式。半只拼接法是将动物毛皮在原只脊背的中间位置一分为二，充分利用了脊背花纹的装饰效果。碎料拼接法本着节约材

料的原则，将毛皮的头部、腿部等弃料拼成服装，这反而会出现意想不到的丰富美感。

随着毛皮工艺设备和染整后处理技术的不断进步，皮草装出现了多样化的设计效果。例如，根据毛面肌理的变化，有拔毛（将动物毛皮粗硬的枪毛连根拔净只留底绒，柔软顺滑）、剪毛（多用于水貂毛皮，有亚光效果）、剪花（毛皮表面渐成凹凸不平的立体花纹，如灯芯绒般的肌理）、填充式浮雕效果（表面鼓起呈立

体状）、激光雕花效果（激光刻上特别的图案）、刺绣（镶嵌刺绣、珠饰、花饰等）等工艺手段；毛皮的染色有漂色、单色漂染、多色漂染（幻彩工艺）、渐变漂染、局部漂染（雪上霜工艺）、局部喷染（喷脊子工艺）、印花等技艺；毛皮的组合拼接工艺有编织工艺、镶拼工艺、鱼鳞工艺和马赛克镶嵌工艺。还有些动物的毛皮则有自身的特殊工艺，适合于特别效果的设计，如貂皮有波浪工艺、流苏工艺、八爪鱼工艺和镂空工艺；而狐皮则有砌砖工艺和转条工艺。

了解动物毛皮材质的构造和特点，便于我们根据服饰效果的需要，更好地利用其不同的结构特征进行款式图绘制。在绘图前，要分清皮草的种类，掌握其独特的纹理和特殊的肌理效果，再根据这些特点画出服装的廓型及结构。皮草在设计时需要进行裁片、拼合，形成丰富的结构线和类似装饰性的工艺，绘图时需表达清楚（图 3-261 ～图 3-277）。

（a）皮草拼接连衣裙　　　　　（b）皮草装饰针织裙　　　　　（c）皮草拼接大衣

图 3-261　连衣裙 / 针织裙 / 大衣

（a）皮草饰边外套　　　　　（b）皮草饰边连衣裙　　　　　（c）皮革拼接连衣裙

图 3-262　外套 / 连衣裙

（a）皮草背心

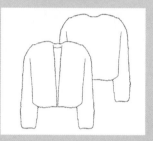

（b）皮草小坎

图 3-263 背心 / 小坎

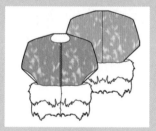

（a）皮草饰边上衣

（b）皮草饰边上衣

图 3-264 上衣

（a）皮草拼接卫衣

（b）皮革机车背心

（c）皮革印花铅笔裙

图 3-265 卫衣 / 背心 / 铅笔裙

（a）皮草流苏披肩

（b）皮草罩衫

（c）皮草饰边 A 字裙

图 3-266 披肩 / 罩衫 /A 字裙

（a）皮草系腰带夹克

（b）皮草拼接大衣

（c）皮革拼接紧身裤

图 3-267 夹克 / 大衣 / 紧身裤

（a）皮草饰边外套

（b）毛领大衣

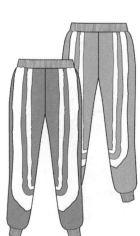

（c）皮草装饰罗口裤

图 3-268 外套 / 大衣 / 罗口裤

（a）皮草袖大衣　　　　　（b）皮草袖解构设计装　　　　　（a）皮革拼接上衣　　　　　（b）皮革夹克

图 3-269　大衣 / 设计装　　　　　　　　　　　　图 3-270　上衣 / 夹克 -1

（a）皮草拼接时装　　　　　（b）皮草拼接时装　　　　　（a）皮草饰边上衣　　　　　（b）皮草饰边短裤

图 3-271　时装　　　　　　　　　　　　　　图 3-272　上衣 / 短裤

（a）皮草上衣　　　　　（b）皮草拼接上衣　　　　　（a）皮革罗口夹克　　　　　（b）皮革饰铆钉夹克

图 3-273　上衣 -1　　　　　　　　　　　　　　图 3-274　夹克

（a）皮革上衣　　　　　（b）皮革夹克　　　　　（a）皮草饰边上衣　　　　　（b）皮革皮革拼接外套

图 3-275　上衣 / 夹克 -2　　　　　　　　　　　　图 3-276　上衣 / 外套

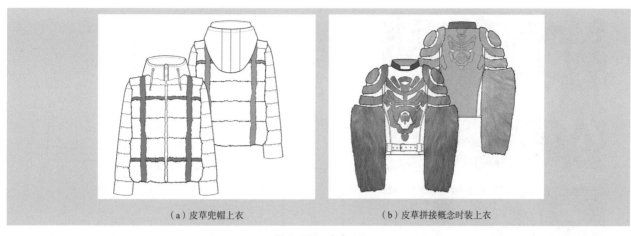

（a）皮草兜帽上衣　　　　　　　　　　（b）皮草拼接概念时装上衣

图 3-277　上衣 -2

四、行业制服款式图的表现

制服是按照一定的制度和规定穿用的服装，它并非自然出现，而是特殊前提下的人为设定。作为一种非语言性的传播媒介，制服用来满足社会组织形式内部人们的心理诉求。

工业文明时代，社会组织形式凸显了制服的一元性目的。托马斯·卡莱尔在 1836 年预见性地提道："社会这个令我越思越惊的东西，居然建立在服饰基础上。"此处的服饰即具有强制性、规定性的制服。现代社会各集团组织在一定程度上被军事化，现代制服体现为着装统一、训练有素、纪律严明，有教育意义。特别是经历了第一次和第二次世界大战，由战时军装、工装演变而来的现代制服一度在欧美国家盛行，无论具有法律效力的正式制服，还是受组织内规章制度管束的职业制服，利用"标识"维护其合法性和严肃性，确保集团利益和对于管理成效的促进作用，禁止非该集团成员使用，甚至也不允许在非适用场合穿着。

在设计制服时，既要从穿着者的职业特点考虑，在造型和结构上符合人体工学，顺应其劳动强度和肢体运动量，满足工作人员的操作需要和穿着感受；又需强调制服带来的体制归属感和穿着者行为的规范化，这种强调效能的特性和独有的理性精神，是符合任何时期任何社会对于制服的一般性要求的。

现代制服可分为四大类，它的共同特点就是标识性：

第一类是国家职能部门的制服（军警、消防、公职人员制服）。

军装区别于其他团体制服，有其鲜明的形象。世界上的军装大多数是绿色的（草绿、深绿或黄中偏绿）。军服不约而同地朝绿色发展，是从实战教训中总结出来的。利用绿色作掩护，不易发现，隐蔽军队的行动。这样，世界上的军队虽然服装形式差别很大，但在颜色上却逐渐在绿色基调上统一起来。例如，在雪地，则只有白色才能与背景协调一致；在海上，则只有蓝色才能与之融为一体；在沙漠地，则只有黄褐色与背景比较接近。

我国军服分为陆、海、空三军干部与战士制服（图 3-278）。三军主要以服装的颜色、帽徽图饰来区分军种。形成了陆军以棕绿色为主色调、海军以白色和藏青色为主色调，空军以蔚蓝色为主色调的三军军服颜色。

第二类是行业与集团规定的职业制服（交通运输、物流、保险、银行、餐饮、医疗、体育、教育等行业制服）。这类制服，对外是为了与同类集团产生区别，对内则有利于加强管理，规定穿着统一的制服，方便于工作行为。虽然没有法定强制力，但作为其成员，必须穿用，会有一定程度的约束力和规制力。

举例来说，航空制服不仅是其所属公司标志，有的甚至是一国形象，所以设计时一次次反复论证才能确定，一旦定稿，就会使用若干年。许多国家的航空制服都出自知名设计大师之手。优雅极简的纯色套装仍是大多数制服的形象，例如，法国设计师拉克鲁瓦设计的法航制服（图 3-279），用低调的方式呈现法式优雅，深蓝色是法航保持了 70 多

（a）中国阅兵礼海陆空三军军装

（b）军装

图 3-278　军装

图 3-279　法国航空公司制服与款式图对照

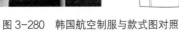

图 3-280　韩国航空制服与款式图对照

年的基本色，后来加入了白色和红色，成为一片深蓝中的亮点。大韩航空制服是意大利设计师费雷的作品，制服柔和的色彩彰显了沉静自律的韩式优雅（图 3-280）。我国的国航制服，使用"中国蓝和中国红"的明瓷中"霁红"与"青花"两种颜色作为主色，霁红多呈褐红色，宛若凝固的鸡血颜色，青花色是紫蓝色，纯粹、浓艳，两色都有一种深沉安定、莹润均匀的高雅之感。

跟套装式制服不同，有一类航空制服青睐传统民族服装，设计师大胆运用民族色彩与装饰，充分演绎了民族的即世界的，令人印象深刻。以东南亚国家为例，彩色的马来西亚布裙制服，是在马来传统服装沙笼柯芭雅 (Sarong Kebaya) 的基础上设计；新加坡航空制服则是将宝蓝背景的蜡染彩花设计成主要图案；越南航空制服奥黛，服装款式保持传统风格，窄肩收腰，衣摆摇曳，但花纹全部采用 3D 打印，看上去现代、富有活力（图3-281）。随着民族风的热宠，我国海南航空也推出中式制服，乘务员穿上旗袍制服，形成一种亲切自豪的民族个性气息，也体现了中国设计的突破与崛起（图 3-282）。

　　第三类是仪式制服（奥运会、世博会、学位

（a）马来西亚航空制服

（b）新加坡航空制服

（c）越南航空制服

（d）马来西亚航空制服款式图

（e）新加坡航空制服款式图

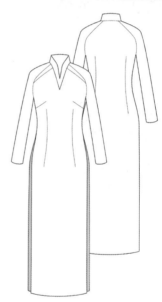
（f）越南航空制服款式图

图 3-281　制服 -1

图 3-282　海南航空制服与款式图对照

服、仪仗服、宗教团体等制服），还有因特定活动穿着的统一服装，如 APEC 会议制服，这类制服强调的是容仪性。

大学毕业生穿学位服是一项历史悠久的传统（图 3-283），学位服由学位帽、流苏、学位袍、垂布四部分组成。博士学位袍为黑、红两色，硕士学位袍为蓝、深蓝两色，学士学位袍为全黑色，导师学位袍为红、黑两色，校长袍为全红色。垂布饰边则是按文、理、工、农、医和军事六大类分别为粉、银灰、黄、绿、白和红色。

在各大体育赛事上，工作人员制服、礼仪小姐制服、参赛选手运动服也都属于制服的范畴（图 3-284）。其中运动员的制服又包括仪式制服和比赛制服两种场合所需的制服（图 3-285）。

第四类是企业制服（商场、公司、门店等制服），它们也都同样起着社会及职责的区别作用（图 3-286）。

（a）学位制服

（b）学校制服

（c）学位制服款式图

（d）学校制服款式图

图 3-283　制服 -2

（a）平昌冬奥会礼仪制服

（b）索契冬奥会礼仪制服

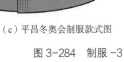

（c）平昌冬奥会制服款式图

（d）索契冬奥会制服款式图

图 3-284　制服 -3

（a）短道速滑比赛制服

（b）比赛领奖制服

（c）速滑比赛制服

（d）比赛领奖制服

图 3-285 制服

图 3-286 北京新光天地商场制服与款式图对照

本章小结

1. 本章选取了时装周各大品牌的代表性服装，结合秀场造型对其服装进行正反面款式图的展示，对于培养训练者的款式图绘画能力以及创造性的服装设计思维有着很大的积极意义。

2. 要绘制出一张合格的服装款式图，需要的基础训练是多种多样的，因此，本章所涉及的内容十分丰富，对女装、男装、童装的风格和造型要点做了系统而详尽的说明。

3. 带领学习者掌握一些特定类别服装的绘制方法，分析它们的材质性能、服装特点以及绘制技巧，将这些内容与前几章的基本知识结合，让学习者有信心去适应瞬息万变的时尚潮流和表现新的款式风格。

思考题

1. 根据当前流行款式，按照规范绘制女式礼服的款式图。

2. 根据当前男装流行趋势，按照规范绘制男商务装的款式图。

3. 认真研究儿童在不同时期的形体特征，按照规范绘制各种男女童上衣、裤子、裙子。

4. 根据单项服装款式的学习，按照规范绘制制服的款式图和皮草装的款式图。

第四章 专题款式图设计表达

课 题 内 容: 戏剧舞台服装款式图设计表达、影视剧服装款式图设计表达、民族服装款式图设计表达、街拍潮流时装款式图设计表达

课 题 时 间: 8课时

教 学 目 的: 通过对戏剧舞台服装、影视剧服装、民族服装、街拍潮流时装四个单项款式图详细的分类和讲解,学生将更为细化、有区分、有比较的学习服装款式图技法。本章选取了一些极具实用性的服装类别作为专题深度解析,针对其款式变化和造型特点做了详细阐述。通过本章的学习,学生应当能够快速把握各领域服装的款式特点,准确绘制不同类型、不同风格和不同面料的服装款式图。

教 学 方 式: 本章以理论讲解与实际绘图训练结合的方式进行教学。课题教师选取大量的实例图片制成 PPT 文件,以文字结合图像介绍的方式,对本章知识点进行视觉化的演示,强化对学生不同类型服装的款式图范例的认识。课题教师可以要求学生选取戏剧舞台服装、影视剧服装、民族服装、街拍潮流时装进行大量的绘图练习,练习完成后,教师应当及时讲评,与学生进行交流答疑。

教 学 要 求: 1. 分析戏剧舞台服装的特点和要求,结合实例讲解戏剧舞台服装款式图的设计与表现。

2. 分析影视剧服装的特点和要求,结合实例讲解影视剧服装款式图的设计与表现。

3. 分析民族服装的特点和要求,结合实例讲解民族服装款式图的设计与表现。

4. 分析街拍潮流时装的特点和要求,结合实例讲解街拍潮流时装款式图的设计与表现。

课前(后)准备: 教师需要整理各类款式图作品,在课程中结合图例进行具体讲解。除了本书中各类典型案例之外,教师应当寻找更多适合课堂教学的经典造型以供款式图绘制训练的需要。

第一节　戏剧舞台服装款式图设计表达

戏剧空间和舞台场景中，常常需要通过对参演人员进行合理的形象打造，配合并传达剧目内容，这一过程就是对戏剧舞台服装的设计。其中，着重通过平面形式表现，并且包含制作细节说明的服装款式图的绘制，是戏剧舞台服装从构想到实现的重要环节。

在历史上，中外戏剧舞台服装均经历过长足的发展，随着当代戏剧创作的多元变化，对应着的不同类别的舞台服装，都在观念更新与技术提高等方面提出了更高的要求。对戏剧舞台服装进行具体分类，将便于设计者把握设计脉络、掌控设计特色。目前，从表演形式来划分，有话剧、舞剧、歌剧、戏曲、杂技剧、音乐剧和大型晚会七个主要戏剧种类，对应的舞台服装大致有话剧服装、舞剧服装、歌剧服装、戏曲服装、杂技剧服装、音乐剧服装以及庆典晚会服装，不同表演形式自然对服装设计提出了不同的要求，设计过程中要特别注意在普遍共性中彰显个性。

一、超现实题材的款式图设计表达

音乐剧是一门综合的舞台艺术形式，结合歌唱、舞蹈、对白以及表演，虽然音乐剧与话剧、舞剧、歌剧等有着相通的表演特点，但其独特之处就在于音乐剧给予各表演元素相同的创作重视度，因此音乐剧服装款式的设计则可依托于话剧、舞剧、歌剧等舞台服装的设计特点。

超现实题材戏剧舞台服装与实际生活类服装在设计思路上产生明显差异，在超现实题材剧目演出中，除了精准塑造出各种角色的形象特征，着重刻画主要角色的视觉造型外，还需兼顾角色与角色之间、角色与场景之间的协调共生关系（图4-1~图4-5）。当服装在戏剧舞台中的假定性成立时，其成为角色的形象符号，日常生活中常规服装的实用主义不再是主流需求。但同时，舞台服装并不能脱离于实际生活，它的设计灵感来源于生活，与生活服装有着密切的关联。总之，戏剧舞台服装设计是对生活服装的提炼与再加工，使其更加概括、集中，更具有艺术化的效果（图4-6、图4-7）。

在绘制超现实题材的款式图时，首先，需把握角色合乎逻辑的拟人化构成，以及服装与各部位特征的比例关系，往往不同种类的戏剧舞台服装有不同的比例关系，服装整体与局部间的关系，将直观反映服装整体风格。其次，在繁杂装饰的配饰细节方面，刻画需同样精确，才能确保下一步制作得顺利。

（a）《狮子王》狮王辛巴（Simba）造型　　（b）狮王木法沙（Mufasa）造型

图4-1　《狮子王》造型设计与款式图设计表达-1

（a）《狮子王》刀疤（Scar）叔叔造型   （b）《狮子王》造型

图 4-2 《狮子王》造型设计与款式图设计表达 -2

图 4-3 《狮子王》造型设计与款式图设计表达 -3

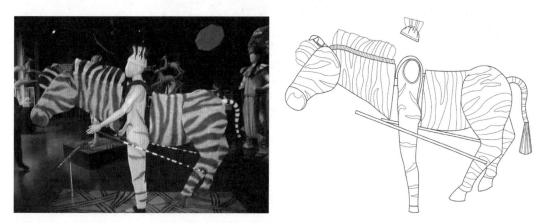

图 4-4 《狮子王》斑马造型设计与款式图设计表达

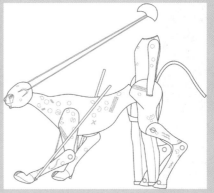

图 4-5　百老汇经典音乐剧《狮子王》豹子造型设计与款式图设计表达

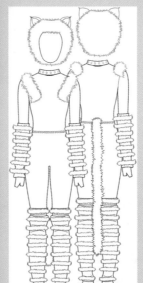
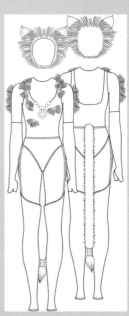

图 4-6　百老汇经典音乐剧《猫》造型设计与款式图设计表达 -1

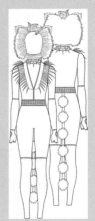

图 4-7　百老汇经典音乐剧《猫》造型设计与款式图设计表达 -2

二、古典题材的款式图设计表达

古典题材舞台剧表演中，演员常以无伴奏的对话或独白的方式为主，模仿现实生活情境，写实成为古典戏剧的突出特点，因此服装款式也以历史真实性为主要风格。

古典题材歌剧是一种通过歌唱和音乐的方式来表现剧情发展的戏剧，演员的服装款式特点相较于话剧而言，在写实性的基础上，多了一份装饰性，要求达到华丽与宏大的视觉效果；而相较于舞剧，则具有庄重的氛围特点，面料与款式追求厚重与大气（图4-8、图4-9）。整体而言，古典题材歌剧服装的廓型往往强调空间感，层次丰富，装饰繁多，以营造出恢宏壮阔的舞台效果。

图 4-8　普契尼歌剧《图兰朵》服装设计与款式图设计表达

图 4-9　威尔第歌剧《弄臣》服装设计与款式图设计表达

在我国戏曲发展历史悠久，现约三百多种地方戏曲，形成了各自成熟的"行头"体系，值得注意的是，戏曲中不同人物穿着所对应的服装程式是固定的，不以历史为分期，而是从人物的年龄、身份、阶级或品格等划分，特别是经典剧目中，长时间以来与观众约定俗成的形制，沿袭至今依然保留传统服装款式。同时，新时代越来越多涌现出新编戏曲，对于过去的穿用原则有所改变，加入了一些新时代审美需要的设计元素（图4-10、图4-11）。

在古典题材舞台服装款式图时，要注意不同种类的戏剧舞台服装有不同的风格，但合理利用服装的对称关系是古典类型款式图的重要绘画技巧，但相当一部分的戏剧舞台服装为达到夸张的舞台效果，廓型设计独特，或追求不对称的服装效果。此

图4-10　叶锦添创作的歌剧《红楼梦》服装设计与款式图设计表达

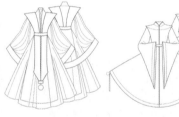

图4-11　歌剧《红楼梦》服装设计与款式图设计表达

外，绘制服装款式图时，要注意保证线条运用的流畅与准确，在平面形式表现基础上，辅以款式图的文字说明，将确保设计理念的传达明确清晰。

古典题材戏剧里还有一类是杂技剧。顾名思义，杂技剧是在戏剧中融入杂技技巧，杂技的惊险用以表现剧情的跌宕起伏，对于服装款式的要求，首先是要适用于杂技演员的动作展开，其次遵照舞剧人物服装设计的一般规律，配合剧目情景发展需要，塑造人物，达到舞台视觉效果。

三、舞剧服装款式图设计表达

以舞蹈作为主要表达方式的舞剧，因舞蹈的种类繁杂，而具有不同的设计特点。舞蹈，又主要分为艺术舞蹈和生活舞蹈两大类，此处讨论的主要是专业舞蹈演员在舞台上表现的艺术舞蹈，根据舞蹈风格以及艺术特点，将其大致分为古典舞、民族舞、现代舞以及创新舞四类。古典舞脱胎于民族舞，具有一定的典范意义的古典风格舞蹈，具有相对固定的范程与套式。

对于西方古典舞蹈芭蕾舞来说，为了配合演员的动作，芭蕾舞服的款式往往是固定的，特别在活动部位需考虑结构的适用性（图4-12）；而中国民族芭蕾舞则在西方的范式上，根据剧目内容，融入了中国传统服制，如中国古代传统汉服、旗袍或军装等元素，富有中国传统文化意蕴。对脱胎于戏曲的中国古典舞而言，讲求传统的韵律身法，这就对服装款式提出了追求气韵美感的要求。民族舞的创作来源于人民日常生活，具有地方色彩与民族特色，在服装款式设计中尤要注意把握少数民族服饰

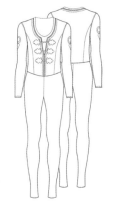

图 4-12　经典芭蕾舞剧《天鹅湖》服装设计与款式图设计表达

特色（图 4-13）。现代舞所表现的舞蹈精神与古典舞的程式化截然相反，强调遵循自然、不拘一格，体现在服装款式上则偏向表现主义精神，有的简洁，有的繁杂，有的甚至生活化，出现流行元素。创新舞的舞蹈特点往往决定其对于服装款式没有固定的要求，只需遵循音乐的风格走向以及审美法则来进行设计。

在喜剧或闹剧中，为凸显主客观间的反差，常采用适度夸张的手法来使服装具有写意性。对于荒诞剧或者表现主义戏剧，舞台服装的夸张和抽象的程度更大，设计者在提炼或变形中烘托剧目的艺术表现，相得益彰（图 4-14）。

（a）杨丽萍《孔雀舞》服装款式图　　　　　　　　（b）百老汇《阿拉丁》印度舞服款式图

图 4-13　舞剧服装款式图设计表达

图 4-14　百老汇现代音乐喜剧服装与款式图表达

对庆典晚会服装需求量的日益增多，离不开电视行业、文化活动的高速发展，多塑造出穿着者华贵典雅的气质特点，在此类服装款式设计中首先要明确晚会或庆典的主题，在此基础上根据不同节目的内容需要，创作出相辅相成的风格款式，共性中凸显个性以相互区分，并且注意主要人物与群演之间的主次关系。

第二节　影视剧服装款式图设计表达

一、历史题材影视服装款式图设计表达

分析历史题材影视服装，离不开对本国历史服饰的考证与临摹训练（图4-15~图4-27）。学习款式图绘制的方法有两种：一是写生练习，二是临摹练习。对于历史剧服装款式绘制，临摹的作用更加不可替代。利用临摹提高历史服装初学者的绘画技巧，是行之有效的绘图训练方法。

历史题材是当今银幕上的一种重要影视类型，与纯粹杜撰的古装片不同，历史题材影视剧基本恪守"七分史实，三分虚构"的尺度，从史籍记载的真人或真事中改编来（图4-28）。历史片并非历史本身，而是以历史事件为背景，添加了围绕故事所需的虚构情节。这决定了美术影像必须从史而来，却并非完全忠于史，而是"忠于时下对历史的合理想象"。更进一步说，判断一部历史题材影视美术品位的重要尺度，不是如何选择历史的真实，而是要看如何处理艺术的真实，即影像的"真实感"。

图4-15　春秋战国时期曲裾深衣（临摹）

图4-16　秦汉时期直裾袍（临摹）

图4-17　隋唐初期襦裙（临摹）

图4-18　唐中期襦裙（临摹）

图4-19　盛唐时期襦裙（临摹）

图4-20　盛唐时期襦裙（临摹）

图 4-21　明代襦裙（临摹）

图 4-22　明代皇后大袖衣（临摹）

图 4-23　皇后祎衣（临摹）

图 4-24　清代氅衣（临摹）

图 4-25　清末民初袄裙（临摹）

图 4-26　民国时期文明新装（临摹）

图 4-27　民国旗袍（临摹）

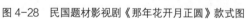

图 4-28　民国题材影视剧《那年花开月正圆》款式图

二、现实题材影视服装款式图设计表达

　　一部优秀的电影或电视作品，是依靠主题、叙事、情感、人物、试听等多种元素构成的艺术感染力来吸引人的。在这些元素中，作为人物包装的服化道具之一，服饰造型构成主题与人物的一部分，是传达复杂感情的媒介。服饰的媒介作用不仅仅是简单地表现出基本的人物背景，如时代、阶级、性别、年纪、自我形象以及心理状态，更是超越个体服装设计这样的单一层次，注重个体之外的、人物与人物之间的、人物与环境之间的关系。在这里，平衡好演员的个人魅力与忠于剧中人物的身份之间的矛盾，掌握好影视的时代背景与服装的艺术再创造的尺度，在人物群体造型中突出主体人物的服

饰，使观众的视觉注意力相对集中，才是问题的关键，也是与影视作品的艺术质量休戚相关的重要内容（图4-29）。

三、奥斯卡获奖影片服装款式图设计表达

多年来获得奥斯卡最佳服装设计奖的电影，大都将服饰当作展现时代奇观的一种道具（图4-30~图4-34）：《惊情四百年》（1992年）的服装从四百年间扩展开来，美娜和乔纳森的人物造型比较忠实地反映了19世纪末英国服饰的特点，德古拉的形象则从中世纪吸血鬼的角色设定出发，不拘于特定的时代风格，以哥特和17世纪法国风的一些服装语言混合起来，产生一种新的造型。《纯真年代》（1993年）中的梅与表姐伯爵夫人艾伦出现了大量巴斯尔长裙的侧面特写以及后身层叠堆砌的帷幔呈现，使影片时刻处在19世纪70年代的画面之中。《绝代艳后》（2006年）和《公爵夫人》（2008年）都是通过摄影机对高耸假发、羽毛卷帽、东方折扇的凸显，以及凹领口、紧身半袖和宽拱形裙撑的强调，获得了奢靡纤丽的18世纪洛可可风格的视觉愉悦。《伊丽莎白：黄金时代》（2007年）在每一个特写镜头中都不会缺少服饰上醒目的视觉亮点，剧中英女王身穿由羊腿袖、拉夫领、紧身胸衣和裙撑构成的庞大的文艺复兴吊钟裙，硬邦邦的胸衣片和高耸的蕾丝多次被近景放大，从中可见的自信与霸气足以让所有人望而却步。

烦琐、华丽的服饰在《年轻的维多利亚》（2009年）中也作为主体被强化表现，设计师遮蔽了西方服饰中通用的蕾丝、刺绣、缎带等的相似一面，夸大和强调了维多利亚时期服饰的独特之处，即崇尚装腔作势的社交之风带动下

图4-29　现实题材影视剧与款式图对照

图4-30　奥斯卡获奖影片服装款式图

图 4-31　《惊情四百年》剧照与款式图

图 4-32　《绝代艳后》剧照与款式图

图 4-33　《公爵夫人》剧照与款式图

图4-34 《伊丽莎白：黄金时代》剧照与款式图

的袖子往横宽发展、极端倾斜的领型、裙子膨大却材质轻软的女装和高筒帽、修过的络腮胡、文明杖、高耸领子、细腰身的男装，这正是以服装为中心的具体体现。《安娜·卡列尼娜》（2012年）使用了许多华丽的长镜头和巧妙的转场，摄影机让观众窥视到在舞台光线下安娜一袭黑色塔夫绸克里诺林裙与沃伦斯基跳舞的场景，强烈暗示出单调的黑色也掩盖不住安娜的气质，爱情的火花即将迸发。片中的服装既有19世纪70年代的时代廓型，又刻意简化了表面的繁重细节，看起来具有新洛可可风格的质朴感。《艺术家》（2011年）和《了不起的盖茨比》（2013年）从各个角度还原了19世纪20年代上流社会的人物着装，观众跟随镜头的近景凝视所见的是被极度营造的服饰造型，作为浮华的爵士时代的及膝轻薄衣裙、贴耳短发和四肢裸露，都让人印象深刻。

第三节 民族服装款式图设计表达

一、中国少数民族服饰概述

我国领土辽阔，地形复杂，是一个多民族的国家。数千年来，各民族处于自然经济状态中，使用着不同的文字或语言，形成了历史悠久、特征鲜明的风俗习惯和文化传统。同时，他们在历史发展过程中相互交往、有分有合、不断衍生，至中华人民共和国成立以后，经民族调查识别，确认了56个民族成分，此外尚有部分未经识别的民族。

除汉族以外，55个兄弟民族占全国总人口的比重不到9%，所以习惯上被称作"少数民族"（图4-35）。尽管人口少，但总居住面积却极为广袤，少数民族自治地面积约占全国总面积的60%，且分布范围很广泛。绝大部分少数民族居住在边远地区，我国陆地边境线几乎都是少数民族自治地。有的民族以小聚居的方式集中生活，如西南、西北和东北地区，特别是内蒙古、新疆、西藏、广西、宁夏设立了自治区，还有30个自治州、一百多个自治县和一千多个民族乡。有的民族处在大杂居地区，如云南、贵州都是我国少数民族最多的省份，贵州有17个世居少数民族，云南杂居着25个少数民族，众多民族共同生活在一起。还有的同一民族因聚居地区的分散而形成不同的分支。

中国有"衣冠王国"美称，少数民族服饰显得格外璀璨。各民族生活的自然环境因气候类型、风土条件、习俗惯例、经济文化各不相同，产生出那个地域独特的服饰风格和着装形式。民族服饰也是一部穿在身上的民族志，从某种意义上说，更是一部生动的民族发展史。它的形、色、质、纹以及织、绣、染都强烈地呈现出一个地区的宗教崇拜和历史文化，更可以表达爱情、亲情和思念，是一个民族最原始、最本真的生活理想。在民族内部，人们的生命意识和社会属性同样借助衣物的力量对其日常生活和行为进行约束，许多服俗的禁忌规定和

图 4-35　我国少数民族服饰概览

标准也因此产生。有的民族还有以衣物传达情意的习俗，创造出有意味的生活美感。民族服饰从一个侧面反映了特定的文化寓意，形象地构成了民族内部整套行为准则和社会规范。

"各美其美，美美大同"，这句话用来诠释民族服饰艺术颇为恰当。须珍视我国各民族服饰形成的非物质文化遗产，它们保存了各民族文明最悠久、也最鲜活的记忆。形式、风格多样的民族服饰是创造民族文化的根，也是探索少数民族艺术宝库的一把秘钥。无疑，对于世界而言，民族服饰的独特和神秘使其最为迷人；同时，具有民族风貌的服饰因为生长于本土，才使世界文明保持着多元化的良好状态，呈现百花齐放的局面。

二、少数民族服装款式图设计表达

我国少数民族服装虽然千姿百态，但万变不离其宗，其核心结构都是直线裁剪方式，前、后身中心线为中轴线，肩袖线为水平线，前后裁片打开呈十字形结构，缝合后呈T字形，属平面化造型。在绘制民族服装款式图时，因各民族服装外形都以直线为主，且左右对称，为了追求绘图的生动性，可采用动态速写款式图的表现方法，即在把握好服装的形态、尺寸、图案布局的前提下，较为自由、活泼地带入人体姿态，将服装的穿着动态以及服装搭配表现出来，这样更方便直观分析整体衣着的效果。所以民族服饰的款式图可少借助尺子等辅助工具，多采用徒手绘制的方式，来追求个性色彩（图4-36~图4-52）。

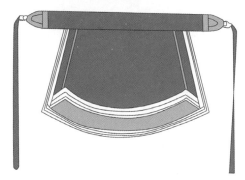

图 4-36　白族服装款式图设计表达

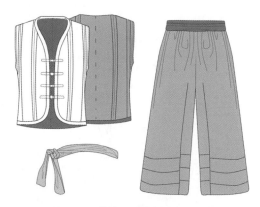

图 4-37　傣族服装款式图设计表达

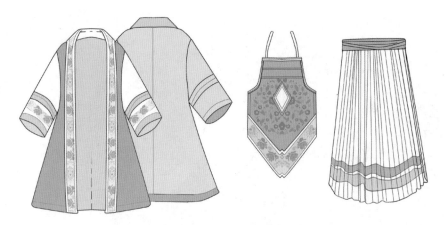

图 4-38 侗族服装款式图设计表达

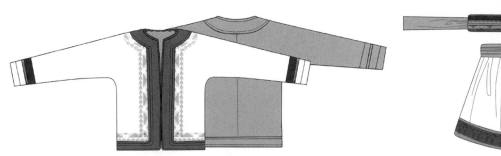

图 4-39 高山族服装款式图设计表达

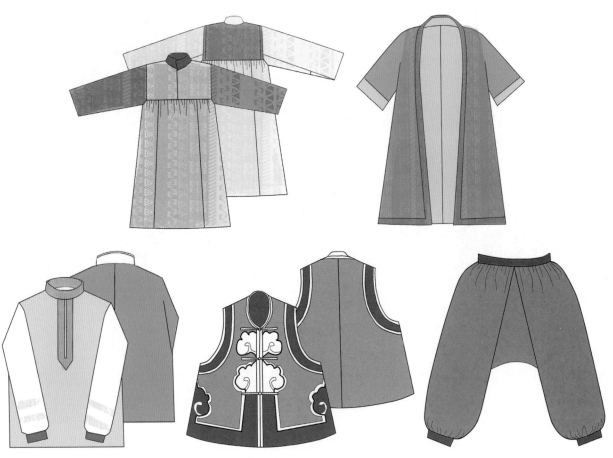

图 4-40 维吾尔族服装款式图设计表达

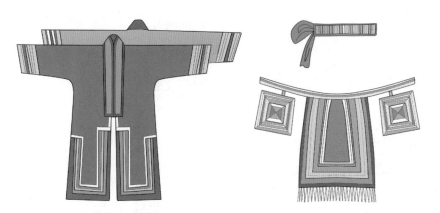

图 4-41 瑶族服装款式图设计表达

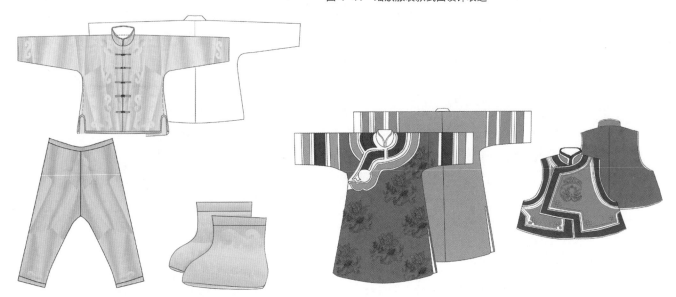

图 4-42 赫哲族服装款式图设计表达

图 4-43 满族服装款式图设计表达

图 4-44 哈萨克族服装款式图设计表达

图 4-45　俄罗斯族服装款式图设计表达

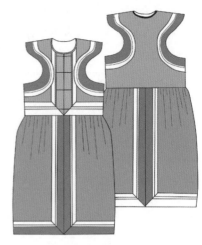

图 4-46　蒙古族服装款式图设计表达

图 4-47　朝鲜族服装款式图设计表达

图 4-48　鄂伦春族服装款式图设计表达

图 4-49　黎族服装款式图设计表达

图 4-50　柯尔克孜族服装款式图设计表达

图 4-51　乌孜别克族服装款式图设计表达

图 4-52　回族服装款式图设计表达

三、游牧民族塔吉克族个案分析

塔吉克族是祖国西大门帕米尔高原的世居民族，塔吉克族服装构成简单，色彩醒目，边饰强烈。

塔吉克族男装有两种类型（图 4-53）：

（1）上着袷袢衣，外束腰带，下着长裤和乔鲁克靴的穿着方式。例如，塔吉克族男子外出服和老年男子日常服就属于此种类型。袷袢以夹层为主，面料多见单色和彩色条状，对襟长袖，无领无扣，衣长过膝，无论冬夏都穿着棉袷袢或皮板儿袷袢，冬季还会在皮袷袢内再套一件棉袷袢取暖。夏季回暖时也偶尔穿宽松凉爽的单袷袢，不系厚重的腰带，为避免袷袢敞开，腰束方巾或缝上两布条系扎来固定衣服。底下的裤子异常肥大，盖到脚面。讲

究的服饰衣领、袖口、衣襟、下摆都镶以细毛皮和民族纹饰作缘边。

（2）上着对襟贯头式上衣，外套背心，下着长裤和马靴的穿着方式。例如，青年男子日常服属于这种类型。塔吉克族年轻人上着立领套头衬衫，前有开襟，白色面料为底，领口、袖口、襟边均有几何十字绣彩色纹饰。外套对襟短背心，多为深色绒布，穿时束一条绸布腰带或皮腰带，侧挂小刀。下着窄腿长裤，脚蹬马靴，骑在马上显得威武潇洒，被称为英俊的高山骑士。

塔吉克族女装也有两种类型（图 4-54）：

（1）上着连衣裙，外套坎肩或紧身开衩外衣，以腰巾束之，下着裤装的穿着方式。如塔吉克族女服正装就属于这种类型。塔吉克族妇女皆穿裙装，

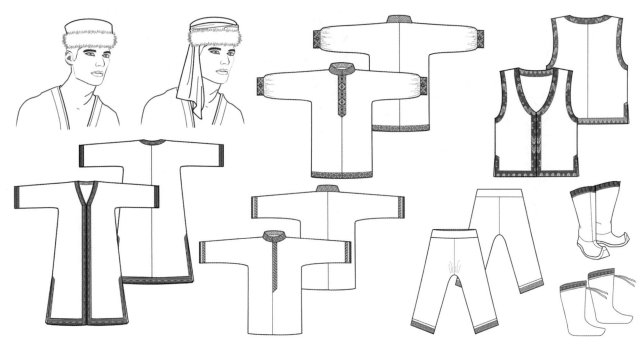

图 4-53　塔吉克族男装款式图设计表达

图 4-54　塔吉克族女装款式图设计表达

用毛布、花色绸布和棉布裁制，内穿浅色上衣和衬裙，冬天以夹棉连衣裙为特色。连衣裙用途广泛，搭配自如，最常见是与紧身开衩外衣的组合，开衩外衣比连衣裙要短，展开的底边又比连衣裙要大，从领口、开衩和底摆露出里面的连衣裙，连衣裙里还套着长裤，整体上看呈合体 X 形，长短错落有致，强调衣、裙、裤的层次和量感，形成奇特的、浪漫的造型感。

（2）上着衬衫，外套半袖短衣（或短背心）及女袷袢（或女式大衣），下着腰裙，外系围裙，内套小口长裤的穿着方式。如塔吉克族妇女的日常着装多属于这一类型。年轻女子和已婚少妇喜欢更轻巧、有曲线的造型特点，一般都穿连衣裙，背心和紧腿小口长裤，系三角形绣花腰带，未婚女子还在臀部系绣花后围裙，女性化、装饰化更突出。中老年妇女选择颇显庄重的袷袢，保持朴素清简的格调。

头巾都是塔吉克族妇女必不可少的头饰部分，包扎的方法多种多样。最常见的戴法是：以包头巾的两个对角打折，呈一个双层的三角形，其折边与帽顶边齐平，从帽上罩下，两边披在肩上，盖着头，掩着耳，两角在下颌打成结儿，只露出面部，

包裹较严实。在收割饲草和野外劳作时为求便利，换成在后脑处打结儿的方法，即盖住帽子的两边巾角，拎起来向后绕去，挽在后脑勺上。如此简单的操作，包巾便系扎好了，侧面看很像风帽，这是最基本的系扎。包头巾与棉帽相配套后，造型端庄，取形大方古朴，巾沿挺括英俊，很像古代骑马的女骑士，这与塔吉克族对游牧这一生命形式的情感寄托有关（图4-55）。

图4-55　塔吉克族妇女包头巾款式图设计表达

第四节　街拍潮流时装款式图设计表达

一、街拍时装风格及特点

相比时装周秀场那些做工精细、内涵考究的高级定制与高级成衣，街拍时装要休闲随意的多（图4-56）。对比将众多具有相似性的元素归整糅合而制成的单品成衣，街拍时尚服装多用混搭的手法来增强着装整体效果的丰富性。通过将不同材质、不同风格、不同色彩的服装单品进行有意地组合。

所谓混搭，并非毫无目的的混乱搭配。传统意义上，服装通过其独特的材质、色彩、制作工艺、裁剪廓型反映了穿着者的生活环境、文化氛围、社会地位、所处场合等重要信息。混搭突破了传统意

义上统一的整体着装效果，既可以将原本风格相似的单品组合在一起，从而营造出一种崭新的着装效果。也可以将不同风格的单品组合在一起，形成一种另类的独特风格。

要注意的是，混搭绝非漫不经心地胡乱堆积，而是在固有着装习惯和搭配的节奏感上形成创意突破。街拍时装仍要分清主次，强调主要风格，辅助物的风格相对弱化，形成对比或点缀。混搭时注意各个元素之间的冲突与配合，在寻找不同元素进行组合时，既要发掘它们的不同点，也要发掘它们的相似之处。不同元素间的剧烈冲突可以呈现出一种全新的、独特的着装风格，而不同元素间的相互融

图 4-56　街拍时装风格

合则能在剧烈的冲突间起到过渡的作用。当用设计师的逻辑思维连接不同的元素时，会借助各自差异形成对抗美学，鲜明的差异带来冲突的力度，反而易于形成被人们接受的新风格。

在设计运用中，叠穿是最常见的混搭手法。除了较为炎热的夏季，人们多习惯于一层套一层地将多件成衣同时穿在身上。这样既方便人们根据天气变化随时增添衣物，又便于人们通过叠加的手法改变服装的原有廓型，营造出一种独特的体积感与廓型感，使着装的整体效果看似随意，实则更加独特。

二、街拍类款式图绘制技巧

街拍风格时装通常是多件成衣的组合，为了更好地展现街拍风格时装这一特点，在绘制街拍时装款式图时也要格外注意层次的表达。

将一套街拍时装拆分成为组合之前的单品成衣，其款式图的绘画技巧与时装款式图并没有明显的差别，但是当它们组合在一起时，就要格外注意单品之间的联系。绘制款式图时，头脑中要先将每件单品的结构想清楚，进行比较与区分，寻找它们的相似点与不同点，在实际绘制中才能表达明确。

考虑到街拍时装一层套一层的叠穿，在绘制款式图时要注意描绘每件单品成衣的厚度和转折面。此外，通过叠加的方法会改变单品成衣较为单一的廓型，形成复合式或异形的轮廓。绘制时要特别注意廓型的精准，要将领、胸、腰、臀、肩宽等主要部位叠加而成的体积感交代完整。同时，也要注意各个部位由于叠加而产生的遮挡，准确地表达出这诸多层次关系。

更重要的还是通过绘制产生服装之间的对比，材质的对比、图案的对比都要在绘制过程中尽力体现。对于服装材质来说，粗糙与光滑，坚挺与弯垂，正是这些强烈而富有个性的特征成就了服装的独特性。而街拍服装通过混搭和组合进一步强化了对立面，赐予了服装二次设计的魅力。同理，图案之间的繁复与单一、有序与无序，也都是款式图绘制时应考虑的必备因素，以上要点在款式图上均需体现（图 4-57~ 图 4-59）。

图 4-57　街拍类一件式时装款式图的绘制技巧

三、街拍类款式图设计表达

街拍服装的特点是混搭、随性。受此影响，生活中的日常穿着也不再像过去那样刻板、保守。随着多元化流行日趋同步发展，单一的着装方式、传统的搭配惯例已不能满足人们的审美。与以安全、舒适为首要目标的居家服不同，出街服装在基本满足以上要求外，越来越成为现代时尚潮人表达自己审美品位与时尚程度的重要载体。工业化生产的便利使人们不再有机会自己动手做服装，平时购买的成衣属大众流行，不免在款式和板型上与他人撞

图 4-58　街拍类裤装时装款式图的绘制技巧

图 4-59　街拍类两件式时装款式图的绘制技巧

衫。通过混搭来实现服装"改造"的时尚缔造者们与一般意义上的设计师有不太一样的地方，他们做的不仅仅是设计，而是要让设计发酵，产生化学反应般的力度，能从已有服饰语言中延伸、制造新的设计话题。混搭的风潮也不单单局限于街头，越来越多的设计师开始将其运用在自己的服装设计中。

服装款式图的目的是使人能够快速把握服装风格及款式细节，所以绘图必须要达到一目了然。同理，街拍类时装款式图也应该松弛有度，疏密相间。如果服装以廓型为主要亮点，可以适当简化花纹和肌理。当服装本身以结构和解构为核心设计时就可以适当减少对材质和图案的刻画，增强剪裁方式与穿插关系的表达（图 4-60~ 图 4-69）。

图 4-60　巴黎时装周街拍及时装款式图设计表达 -1

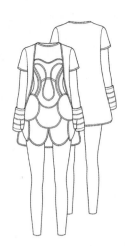

图 4-61　巴黎时装周街拍及时装款式图设计表达 -2

图 4-62　巴黎时装周街拍及时装款式图设计表达 -3

图 4-63　巴黎时装周街拍及时装款式图设计表达 -4

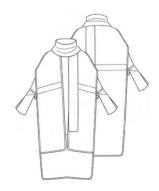

图 4-64　巴黎时装周街拍及时装款式图设计表达 -5

图 4-65　巴黎时装周街拍及时装款式图设计表达 -6

图 4-66　明星片场街拍及时装款式图设计表达 -1

图 4-67　明星片场街拍及时装款式图设计表达 -2

图 4-68　明星片场街拍及时装款式图设计表达 -3

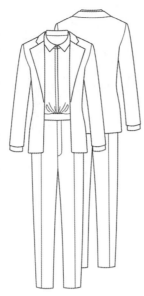

图 4-69　明星片场街拍及时装款式图设计表达 -4

本章小结

1. 选取了戏剧舞台的代表性剧目，结合舞台人物造型对其服装进行正反面款式图的展示，对于培养学习者的款式图绘画能力以及舞台服装设计思维有着很大的积极意义。

2. 要绘制出影视剧服装款式图，需要涉及的内容十分丰富，本章对历史题材、现实题材和奥斯卡获奖影片的代表作品及其人物造型要点做了系统而详尽的说明，并带领学习者掌握绘制款式图的方法。

3. 民族服装有其特定的绘制手段，分析它们的材质性能、服装特点以及绘制技巧，训练民族服装设计的能力。

4. 介绍街拍潮流时装的观察方式和概括方法，将这些内容与前几章的基本绘图知识结合，让学习者有信心去适应瞬息万变的时尚潮流和表现新的款式风格。

思考题

1. 选取一部古典题材的戏剧，按照规范绘制主要人物的着装款式图。

2. 模拟一部历史题材电影，根据人物造型绘制服装款式图。

3. 分析并归纳南北方少数民族的服饰特点，绘制游牧民族袍类服装款式图。

4. 按照规范绘制街拍潮服的款式图，注意如何区分其注重混搭的多层次构成。

应用实践

第五章　手绘款式图

课 题 内 容：手绘款式图的常用工具、虚拟人台的制图方法、文化式原型的制图方法、
制图的程序

课 题 时 间：8 课时

教 学 目 的：通过本章的学习，使学生知道绘制款式图的工具、了解男女人体的结构和
比例以及具体制图方法。本章要求学生掌握虚拟人台和文化式原型的生成
制图方法，培养学生以科学的绘制程序制作出各类服装款式图的能力。

教 学 方 式：本章以理论讲解与实际绘图训练结合的方式进行教学。课题教师将课程内
容制成 PPT 文件后进行知识点的讲解。本章要求学生用理解和记忆，分析
和练习相结合的方法进行学习。建议课题教师要求学生尽可能多地用两种
制图方法绘制各种类型的款式图，课后进行大量的步骤绘制训练。

教 学 要 求：1. 讲解虚拟人台的生成过程，用人台表达款式图的方法进行实例训练，掌
握这种方法。

2. 讲解文化式原型的生成过程，用文化式原型表达款式图的方法进行实例
训练，掌握这种方法。

3. 结合实例进行从左到右、从上到下、由外到内的制图顺序的训练。

课前（后）准备：选择典型的款式图作品图例作为课题内容的案例，要求学生准备基本的绘
制工具，进行尝试性的制图方法训练。

第一节　手绘款式图的常用工具

服装款式图为了符合产品生产中所要求的准确性和严谨性，绘制的线条要求清晰、简练，我们通常运用一些辅助工具来提高制图的速度及精确度。手绘款式图起稿时可以用自动铅笔大致勾勒廓型；绘制主线条时可以用针管笔，按照线条的粗细变化来绘制针迹线、缝线、明线；绘制外轮廓时可以用黑色描线笔；绘制大衣、裤子、裙子的侧缝线等较直的外形线时，可以借助直尺；绘画圆顺的弧线时，可以用曲尺；拷贝模板时需要描图纸和纸胶带。

（1）自动铅笔：是绘制款式图的基本工具，便于画出同样粗细的线条。使用 0.9mm 以内的铅芯，以 0.7mm 和 0.5mm 为主，不要使用大于 0.9mm 的铅芯，否则线条过粗，细小的服装内部线条不容易画好，线条也不够精准，还会弄污画面。

（2）针管笔：无疑也是一件绘图利器，针管管径的大小决定笔内墨水所绘线条的宽窄。针管笔有不同粗细，针管管径有从 0.1~2mm 的各种规格，在设计制图中至少应备有细、中、粗三种不同粗细的针管笔。绘制线条时，针管笔身应尽量保持与纸面垂直，以保证画出粗细均匀一致的线条。针管笔作图顺序应依照先上后下、先左后右、先曲后直、先细后粗的原则，运笔速度及用力应均匀、平稳。用较粗的针管笔作图时，落笔及收笔均不应有停顿。针管笔除用来作直线段外，还可以借助圆规的附件和圆规连接起来作圆周线或圆弧线。

（3）黑色描线笔：除了针管笔，还有许多黑色描线笔可以丰富绘图效果。如鸭嘴笔、中性笔、水笔、钢笔、勾线笔等。描线笔的笔尖可以控制粗细，否则笔尖过细，线条会让服装看起来单薄，缺乏表现力度和面料的厚度感；笔尖太粗，又会画得不准确。

（4）马克笔：具有易挥发性，适合一次性快速绘图，可画阴影。马克笔的属性较多，对应的作图效果也各不相同。油性马克笔快干，着色柔和；酒精性马克笔能在光滑表面书写；水性马克笔有透明感，多次叠加后会变成丰富的灰色，效果与水彩类似。

（5）尺子：为了让款式图与制板结构图一样规整、严谨，需要借助尺类工具。普通的直尺和曲线板就可满足需要。

（6）描图纸：别名也称为牛油纸、硫酸纸，是半透明状的纸，呈灰白色，外观似磨砂玻璃。绘图时，描图纸正面朝上，平铺在原件上，直接利用其透明度高的优点，复制原件上画好的基础人体。也可以使用灯箱进行复制绘图，效果更理想。

（7）纸胶带：在描图时，可以用胶带固定好画稿或硫酸纸，防止在绘图时描图纸发生挪动。

（8）复印机：在草图阶段，复印若干基础人体，可以多次训练使用。

第二节　　虚拟人台的制图方法

一、虚拟人台的生成

服装人台有试衣用人台、展示用人台和立体裁剪专用人台三种类型，绘制款式图时以立体裁剪专用人台作为格式，直接在上面进行设计和造型，如同在真人上面绘制衣服，这样把握服装关系就会轻松很多。

立体裁剪专用人台也称包布人台或立裁人台，是一种填充发泡型材料制作、外层以棉麻质地布料包裹的软质人台，体形略有弹性，适合插针，适用于立体裁剪（图5-1）。

立体裁剪专用人台不仅是制板技术人员的专业辅助工具，也是款式图绘制者的重要参考依据（图5-2、图5-3）。绘画款式图最重要的是观察人体体形与服装构成的关系，因为所有的服装都是为包裹人体服务的。而立体裁剪专用人台上面直接有人体的基本线条——人台标记线。标记线包括3条水平的胸围线、腰围线和臀围线（还有6条水平线，即前后宽线、胸围线、上身腰围线、下身腰围线、腹围线、臀围线）和垂直的前后中心、四开身线，有的立体裁剪专用人台上甚至标注了尺寸。用立体裁剪专用人台打底，画款式图几乎没有误差，便于控制，不易走形。

此外，在立裁人台上绘画款式图时，不受平面计算公式的限制，而是按设计需要，在人台框架上直接进行构思。只要能够掌握绘图的操作技法和基本要领，具有一定的审美能力，就能自由地发挥，进行设计构思与款式绘制。立裁人台的优点是虚拟、仿真，对人体数据已经精简后的形状进行服装设计语言的构建，不需要从头开始进行三维人体建模，也不需要一点点采集人体头身比的数据，只要

在立裁人台格式的基础上就可以边设计、边观察效果、边纠正问题、边改进，这样就能解决效果图中许多难以解决的造型问题。

比如，在夸张的创意概念服装设计中出现不对称、多褶皱及不同面料组合的复杂造型，如果采用效果图的绘图法是难于表达准确的，而用虚拟人台来作图就可以方便地塑造出真实效果。效果图是经验性的设计手段，设计往往受绘图者的技法局限，不易达到理想的效果。而立裁人台接近真实人体体形，几乎等于在人体上设计服装，可以更正确、更提升效率也更具可行性。

由于立裁人台有着上述诸多优点，所以受到绘图者的重视，一些企业、公司及设计师把它作为一种新的款式图绘制的方法，以及设计和制板实验过程的核心技术。

立裁人台在体形上分欧洲版、日本版、韩国版和国标版（中国人体形版）。为绘制款式图选择的立裁人台，除了要看外观形状是否符合国人体形，还要注意看肩斜、胸高点位置以及袖窿的形状。立裁人台的尺寸数据有胸围、腰围、臀围、背长，肩宽如果不是特别宽或窄的话，问题都不大。

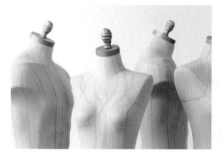

图5-1　立裁人台形式多样

图5-2　女人台

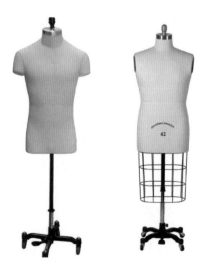

图5-3　男人台

有的立裁人台在胸围和臀围加了放松量，属于工业用立裁人台；也有没有加放松量的裸体人台，为净尺寸，适用于内衣、礼服、高级女装的设计与裁剪。后者更适合作为款式图绘制的参照物。

二、用人台表达款式图的方法

以上得知，立裁人台不但适合专业技术人员掌握三维空间立体造型，也适合初学者用作款式图绘制的辅助工具（图5-4）。用立裁人台表达款式图的方法，是画出立裁人台的平面结构图，在上面提取特征部位，构建人体外形，从这一逼真的外形上了解款式图的制图参照物。在绘制虚拟人台时，如果遇到人台局部不能满足需要的情况，可以做适当的补正，从而达到理想的人体状态（图5-5）。

在体形上，男性、女性具有不同的外部特征，他们的差别主要体现在躯干部，女性躯干是X形，男性躯干呈倒梯形。以基础站立姿势为准，一般女性的基本特征是脖子细而显长，颈项平坦，肩膀低、斜、圆、窄，胸廓较窄，胸部乳房隆起，胯部较宽，腰部较高，腰部以上和腰部以下大约等长，躯干表面圆润，大腿肌肉圆润丰满，小腿肚小，轮廓平滑。相比而言，男性脖子粗而显短，肩部高、平、方、宽，胸部肌肉发达、宽厚，胯部较窄，腰部以上较腰部以下长，骨骼、肌肉较显露，大腿肌肉起伏明显，小腿肚大，轮廓分明。

掌握了男女体形差异，就可以此作为绘制虚拟人台的核心要素。女体需体现高挑、修长、丰胸、细腰、凸臀等显著特点，所以绘制时要注意使用曲线来润色。曲线利于表现人体的肌肉和丰满感，若

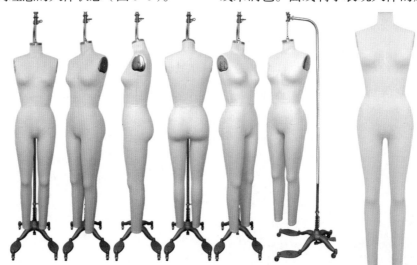

图5-4 选取多版型的全身人台

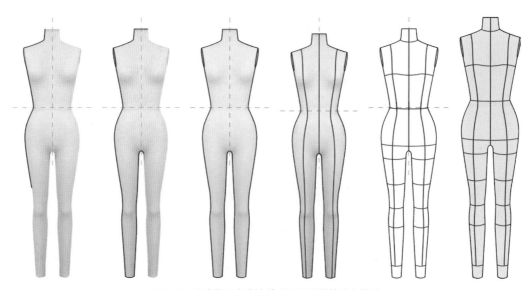

图5-5 用虚拟人台表达款式图所需的基础女体形

把人体画成完全的直线，会呈现僵硬生板的感觉。例如，由于女性胸部的结构特征，绘制躯干部位时根据上体和下体的 X 形的形态，应在胸部和胯部有些弧度变化。

基于男人体基本特征，在绘制虚拟人台时侧重简短有力的线条，将比例图画得线条均匀、整齐干净。在绘制时，要把握住男人体的关键特征，如男性的颈部曲线呈梯形结构，脖根处比较宽厚；手臂与身体呈 30° 角。这些位置的线条，决定了服装款式造型是否合理（图 5-6）。

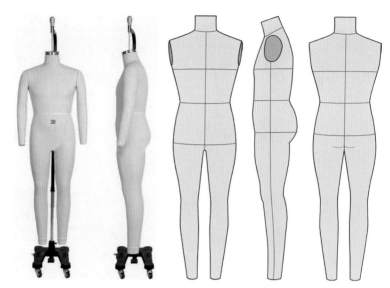

图 5-6　用虚拟人台表达款式图所需的基础男体形

三、人台制图法实例

虚拟人台是作图的依据，一旦通过模拟人台外形生成了基础体形，在接下来的绘图中就不必从零开始，而是按照款式的要求直接在虚拟人台上画服装就可以了，绘制时注意把控服装与人台的合体度（图 5-7~ 图 5-11）。

虚拟人台这一格式可以无限重复使用。当然，在生产中由于客户、地域和市场消费的不同，对人台形体的需求也不尽相同。因此，在为特定的市场设计服装时需要对人台形体进行适当的修订。即便是使用同样的人台形体，也可根据工作需要，复制、放大或缩小后再用。

（a）装饰演出服　　　　　　　（b）婚纱　　　　　　　（c）礼服

图 5-7　人台制图法 -1

（a）饰边开衫　　　　　　　（b）拼接女西装　　　　　　　（c）装饰半袖衬衫

图 5-8　人台制图法 -2

（a）拼接连衣裙　　　　　　　　（b）拼接风衣　　　　　　　　（c）饰边旗袍

图5-9　人台制图法 -3

（a）针织连衣裙　　　　　　　　（b）针织连衣裙　　　　　　　　（c）针织拼接裙

图5-10　人台制图法 -4

（a）蕾丝装饰西装上衣　　　　　　（b）拼接蕾丝夹克　　　　　　　（c）编织流苏上衣

图5-11　人台制图法 -5

第三节　文化式原型的制图方法

一、文化式原型的生成

从词义上看，服装原型是指符合人体原始础形的服装轮廓，即通俗的合体外形。在服装行业里，服装原型是基于人体构造而获得的普适性较强的制板应用方法，它伴随着 20 世纪成衣的出现而流行于服装产业发达国家，并形成了流派较多的原型技术理论。

原型是一种间接式的制板方法，它先具备了原型这一纸样，再在原型纸样基础上通过尺寸缩放、结构布局和省道转移，二次生成服装款式的纸样，所以它是服装构成与纸样设计的基础。这种制板原理比传统的比例分配法要易于变化，能轻松获得款式复杂的板型纸样，且由于它以真实的人体测量为基准，以人体原型为本，高度吻合人体结构，所以在结构制图时快速准确，更便于成衣的推板工作，实用性和适用度较高。

在众多成熟的原型制板体系中，日本文化式原型在 20 世纪 70 年代传入我国，并以体形差距小、采集尺寸少、准确率高等优点，长期在国内服装教学和企业应用中发挥着影响，是现今我国服装教育中不可或缺的重要结构理论基础。

日本文化式原型主要指女装原型，因为文化式原型是以胸围量为基础单位，以背长、腰围、臂长的测量为参照，进而计算人体各部位尺寸的公式计算比例制板法（日本称为胸度式制板法）。服装是人体的第二层皮肤，文化女装原型即是将平面布料按照垂直纱向包覆于曲面女人体后去掉富余量，并时刻保证布料横纱与胸围、腰围、臀围水平线一致，达到原型衣与人体结构高度平衡。

日本文化式原型理论的着力点在于修正体形。按照标准人体的形体美，对个体进行适当的修饰，弥补体形的偏差，达到美化造型的理想效果。

文化式原型的构成包括前、后身及袖。原型纸样（右半身为例）步骤如下：

第一步，绘制凹形基础框架（图 5-12）。基础框架形似凹字，且左低右高，具体制图步骤为：绘背长线作后中心线，绘 $B/2+6cm$ 作腰围水平线，从背长线顶端取 $B/12+13.7cm$ 作胸围水平线，在胸围水平线右端向上取 $B/5+8.3cm$ 作前中心线的上平点，在胸围水平线左端取 $B/8+7.4cm$ 作后背宽，在胸围水平线右端取 $B/8+6.2cm$ 作前胸宽，前胸宽线二等分点左移 0.7cm 作胸乳点（BP 点），背长线顶端向下 8cm 作一条水平线、该水平线二等分点向右移 1cm 作肩省省尖点，过胸宽向左移 $B/32$ 作一点、该点至背宽线的线段二等分点、向下垂直至腰围水平线、作侧缝线。

第二步，绘制原型板的轮廓线（图 5-13）。具体步骤为：画前领口线时，先作前横开线

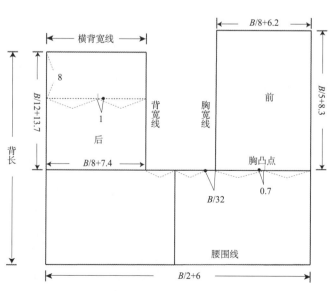

图 5-12　文化式原型基础框架

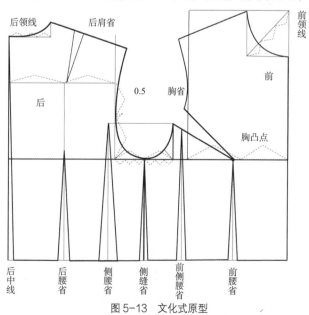

图 5-13　文化式原型

B/24+3.4cm，前直开（B/24+3.4cm）+0.5cm，取矩形框对角线的三分之一点下移 0.5cm 为对位点，完成领口弧线绘制；画前肩线时，取 22° 肩斜，延长胸宽线 1.8cm，完成前肩线绘制；画后领口线时，先作后横开线（B/24+3.4cm）+0.2cm，后直开为后横开领的三分之一，完成领口弧线绘制；画后肩线时，取 18° 肩斜，长度为前肩线长 + 后肩省（B/32-0.8cm），完成后肩线绘制。

绘制省道是原型构成的重点：画后肩省时，省尖点已确定，省量为 B/32-0.8cm，连接成三角形，完成后肩省绘制；画前胸省时，省尖点已确定，胸省角度为（B/4-2.5cm）°，根据袖窿弧线辅助点连接直线，完成前胸省绘制；画腰省时，由总省量分配至 6 个部位省，总省量为（B/2+6cm）-（W/2+3cm），其中 6cm 和 3cm 为胸围和腰围的放松量，然后从前往后依次分配省量，14% 为前腰省，15% 为前侧腰省，11% 为侧缝省，35% 后侧腰省，18% 为后腰省，7% 为后中省。

袖片是在前胸省合并后的袖窿弧线上进行绘制，先依据袖窿弧线代入固定测算法确定袖山高，从袖山高顶点向左右取后袖窿长 +1cm 和前袖窿长，确定袖肥；画出袖长，并取袖长 /2+2.5cm 得到肘

位线，根据前后袖窿弧线设定辅助点，连接弧线完成袖片绘制（图 5-14）。

可以看出，文化式原型以测量胸围和背长尺寸为参数，其他数据如背宽、袖窿深、领口、肩宽等都是以胸围的若干固定公式计算，并适当进行调整而成。

二、用原型表达款式图的方法

文化式原型是带有松量的纸样构成，且有加减定数，不同于虚拟人台的净尺寸。因此，原型纸样缝合之后是接近人体原型的衣服，运用原型设计服装结构、绘制款式图时，要考虑到二次成型的特点。尽管原型与实际人体之间的差距很小，其放松量只为满足基本活动的需要，仍是合体造型，但在绘图时还是要把放松量放在首位来考虑。

从实际操作来看，以原型表达款式图比直接在人体上绘制款式图更为直观。因为穿着原型衣的人体，在结构上已有了初步造型，运用这样的基础原型衣进一步设计服装时，有些简单的成衣无须太大变动，根据基样加长尺寸或添加细节即可（图 5-15）。即使在设计结构复杂的款式时，有了基样

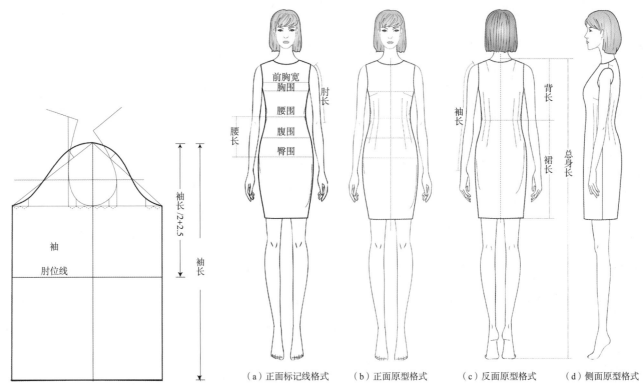

图 5-14　文化式原型袖片

（a）正面标记线格式　　（b）正面原型格式　　（c）反面原型格式　　（d）侧面原型格式

图 5-15　原型表达款式图时的人体格式

为参照，对结构进行分割、变形、移位，也会有据可依，便于创作理想的服装造型。

三、原型制图方法实例

用原型作为绘图格式，需要对服装结构特点与人体的空间关系有正确理解和清醒认识，根据不同的款式在各个部位均需要有所增减，比如绘制泳装、晚礼服等紧身型服装时，躯干部位在原型基础上加以收减，这些变动的量的控制依靠经验而定，如何区别对待并表达准确，对初学者来说有一定难度，需多加训练才能灵活运用（图 5-16~图 5-20）。

（a）背带长裙

（b）蕾丝装饰婚纱

（c）斜肩紧身裙

图 5-16　原型制图方法 -1

（a）拼接斗篷

（b）蕾丝装饰花边裙

（c）拼接紧身连衣裙

图 5-17　原型制图方法 -2

（a）拼接连衣裙

（b）斜纹印花背心

（c）民族风筒裙

图 5-18　原型制图方法 -3

（a）针织开衫　　　　　　　　　（b）针织开衫　　　　　　　　　（c）编织开衫

图 5-19　原型制图方法 -3

（a）编织及腰上衣　　　　　　　（b）针织套头衫　　　　　　　　（c）针织流苏衫

图 5-20　原型制图方法 -4

第四节　制图的程序

　　有了人台制图方法和文化式原型制图方法，就可以使用基础人体，直接在上面进行款式图的设计，而不用担心由于比例问题带来绘图上的困难。

　　手绘款式图可以使用灯光拷贝箱（也称为透图桌）来完成，把要拷贝的图纸和新画图纸重叠平整地贴在灯箱的玻璃上，将基础人体轻轻描绘在纸上，就能围绕基础体形自如地设计各式各样的服装了。或者用硬纸剪出基础人体的轮廓，再把这个外形细细地拓在新图纸上，按照需要进行设计。还有一种更简便的方法，是将基础人体这一固定格式在电脑中调成微微可视的色度，打印若干份进行款式图绘制训练。这三种方法如同在人台上设计服装，形象而准确，并且大大缩短了绘图时间。

　　款式图训练的一个重点就是按顺序观察，按顺序制图。只有按顺序一步步绘制，才能使款式结构表达有序，而不是杂乱无章。款式图的制图程序可以按照从左到右、从上到下、由内而外这三种顺序观察，并按照这样的顺序进行作图，这样的款式表达就显得条理清晰。

一、从左到右的作图顺序

　　无论书写还是绘画，绝大多数都遵循着统一规律，即从左向右的走笔习惯，这也是全人类通行的惯例。在画款式图时，单品类服装也主要选择"左→右"的顺序来绘制，因为双眼就是左右横向排列的，在观察和画图时同样的顺序便于不停审视整个款式的画法有没有出现问题，也容易把款式结构画准，控制住款式内部的主次关系。

根据从左到右的画图习惯，以半身裙装和裤装为例，示范款式图的制图程序：

（1）不规则半身裙绘图（Cushnie Et Ochs 度假系列女半裙，图 5-21）。

①使用基础人体格式，注意绘图时要考虑到服装因扭动姿势而遮挡的部分，并分析好因立体悬垂而产生的必要的褶皱量。理清图意需要仔细观察并认真思考，这是作图的前提。

②确定半身裙的基础结构。先画出腰线位置，再按照从左到右的顺序，依次画出左侧缝线、腰头宽、右侧缝线，这就确定了臀围放松量、裙型和长度。注意因为款式的不对称性，每进入下一步，都要反复观察结构有没有找准，必须抓住款式的特点。画裙子侧缝线时需线条流畅、准确，要利落坚定。

③绘制细节。注意半身裙腰头的上口线一般画成弧线，能看到裙腰头的里布。不对称的荷叶边很难画，为了绘制准确，线条一定要够清晰传递服装结构，准确地表现出织物的悬垂感和流动感，不要画过于花哨的线条而影响了款式的表达。这时，款式图的绘制已初步完成。

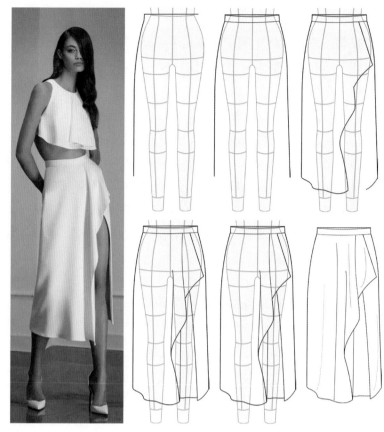

图 5-21 不规则半身裙的作图顺序

（2）牛仔喇叭八分裤绘图（Alexander Wang 度假系列女裤，图 5-22）。

①使用基础人体格式，绘图前要重点观察裤子的腰位、肥度、长度、裤型，也要注意观察着装后裤型与人体的关系，用很轻的笔触大致确定八分裤外形的位置。

②确定八分裤的基础结构。同样先画出腰线位置，再按照从左到右的顺序，依次画出左侧的外裤缝线、左侧的内裤缝

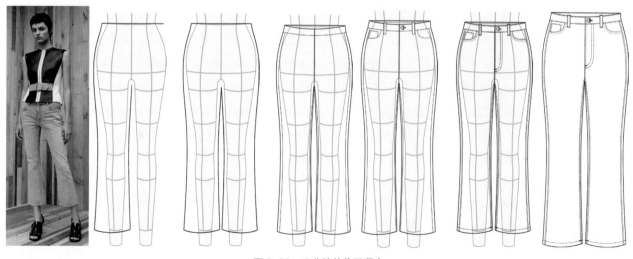

图 5-22 八分裤的作图顺序

线、右侧的内裤缝线、右侧的外裤缝线，这就确定了腰臀关系和裤型比例。裤装几乎都是左右对称，画准外形就必须整体观察、整体比较。画裤子侧缝线时也需线条流畅、准确，要利落坚定。

③绘制细节。注意裤子腰头的上口线也要画成弧线，注意不要将腰头画得过于凹陷或凸起；暗门襟的拉链头可画可不画；裤子底边一般画成直线，但对于这款裤口呈较大喇叭口的款式，底边应画成轻微的弧线，切记不可弧度太大。此外，牛仔裤的细节部件如纽扣、腰带襻、挖袋、褶纹和双明线等都在这个时候画出。

二、从上到下的制图顺序

从上到下的制图顺序适合纵向构图大一些的服装，比如连身裙类和长外套类。侧重于纵向形体的服装，要求绘图者能够宏观把握大构图，掌握基本形，运用好服装结构知识，进行"上→下"的作图训练。

在画款式图时要格外注意前中心线、四开身线的运用，在抓外形的同时要狠抓特征，准确领会设计意图，将款式细节表达清楚，绘制出的服装款式图才规范、有效。根据从上到下的下笔方式，以针织连身裙（J.W.Anderson 度假系列）为例，示范款式图的制图程序（图 5-23）：

（1）以基础人体格式做底，依据格式上的辅助线（颈围线、胸围线、腰围线以及肩线、臂窿围、前中心线和四开身线），大致确定出领、袖、衣身的位置，并标出内部结构的位置。

（2）绘制针织连身裙的基础结构。根据连身裙的设计特点，自上而下画出服装的轮廓。这一步最重要的是把基础结构画准，多运用辅助线的帮助，抓住服装的整体风格、各部位的位置、结构连接和交界线的位置、衣服与人体的关系。

（3）在画准外形的基础上，按照针织工艺的特点，进一步绘制针织罗口细节，主要是领口、袖身挖洞和袖口。根据针织图案纹理进行图案的合理增删，这样可以使款式图的刻画充满灵气和美感。

值得注意的事，从上而下的作图顺序往往衣服面积较大，在绘图时要始终保持整体关系，避免抓

住一处细节反复盯着刻画。如果基础外形和位置还未找准，就去画细节，容易出现比例、结构上诸多的问题。

三、从外到内的制图顺序

对于结构复杂的服装，作图前要养成由外到内观察服装特征、抓准款式构成的习惯。以女夹克上衣（KENZO 春 / 夏系列）为例，示范"外→内"的制图顺序（图 5-24）：

（1）观察、构思：不要仓促作图，先观察服装的组织结构与局部穿插关系，服装穿着时会有一定程度的扭曲变形（如扣位不闭合等），而款式图上却不能画出这些随意状态和瑕疵，要避免这些问题。

（2）绘制夹克上衣的基础结构：在打轮廓时，要注意翻领、包肩、一片袖、H 形衣身的位置以及厚度问题。由外到内先画出外形线，再一步步向内部结构深入刻画。不要急于去画内部结构，因为形如果非常含糊，就匆忙画装饰线，会使外形松散，重点落不在实处。注意确定袖窿的特殊造型，袖子安装在衣身小包袖的里面，袖长度参照手腕的位置，特殊结构更需要表达清晰。按服装内部比例画出前过肩和前片胸部分割线；画出底摆的贴边，以及袖头和袖襻。

（3）进一步绘制细节：此刻要仔细审视，观察哪些部位最强烈、最深，就从这些位置着手，一下子即可抓住重点，令主次各得其所。画出夹克的分割线以及拼缝上的双明线；估测斜口袋到衣服各边的距离，确定其形状；确定扣眼、扣位，以及门襟贴边的特殊拼叠工艺。绘图时也要避免抓住一点反复盯着画，局部画得过分也会导致画面凌乱不协调。最后，用细线简略提一两笔衣褶，切记不要画出太多，否则画蛇添足。

按照顺序画款式图能获得扎实的训练基础，得到精确的造型能力，也能详略得当地刻画服装款式，是学习款式图的良好途径。同时，要想讲求完整的款式表达，还需要在观察时有所侧重。有时一些部位细节会从前片延续到侧缝处或者过渡到后片，而且有些设计点主要就体现在侧缝或背部，这

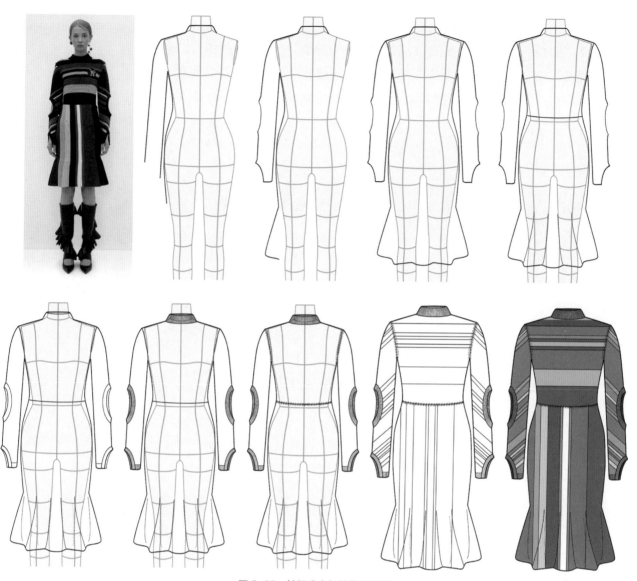

图 5-23　针织连身裙的作图顺序

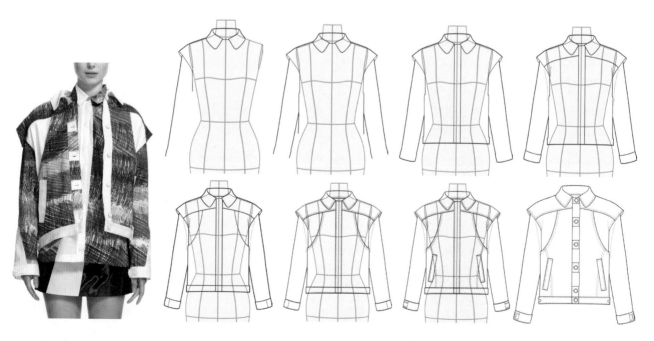

图 5-24　夹克上衣的作图顺序

就需要再绘制出侧面款式图和反面款式图。反面款式图可以用透稿的方式，通过复制正面款式图得到背面轮廓，进而完成背面的结构与细节。侧面款式图可以运用基础人体侧身形绘制出来，注意反面和侧面款式图同样要严谨规范。只要学会了款式图的制图程序，仔细观察并归纳好款式结构，绘制的款式图就更富有整体性，不至于走形。

本章小结

1. 讲解手绘款式图中虚拟人台和文化式原型的两种生成制图方法。

2. 结合实例重点分解制图方法并加以运用。

3. 结合实例按照从左到右、从上到下、由外到内的制图顺序讲解各种服装的绘制经验。

思考题

1. 运用虚拟人台生成制图方法，绘制若干组女装款式图。

2. 运用文化式原型生成制图方法，绘制若干组男装款式图。

3. 结合具体实例操练服装款式图绘制的三种程序。

参考文献

［1］高亦文，孙有霞 . 服装款式图绘制技法［M］. 上海：东华大学出版社，2013.

［2］郭琦 . 手绘服装款式设计 1000 例［M］. 上海：东华大学出版社，2013.

［3］贝莎·斯库特尼卡 . 英国服装款式图技法［M］. 陈炜，译 . 北京：中国纺织出版社，2013.

［4］石历丽 . 服装款式设计 1688 例［M］. 北京：中国纺织出版社，2014.

附录　服装款式细节手绘训练

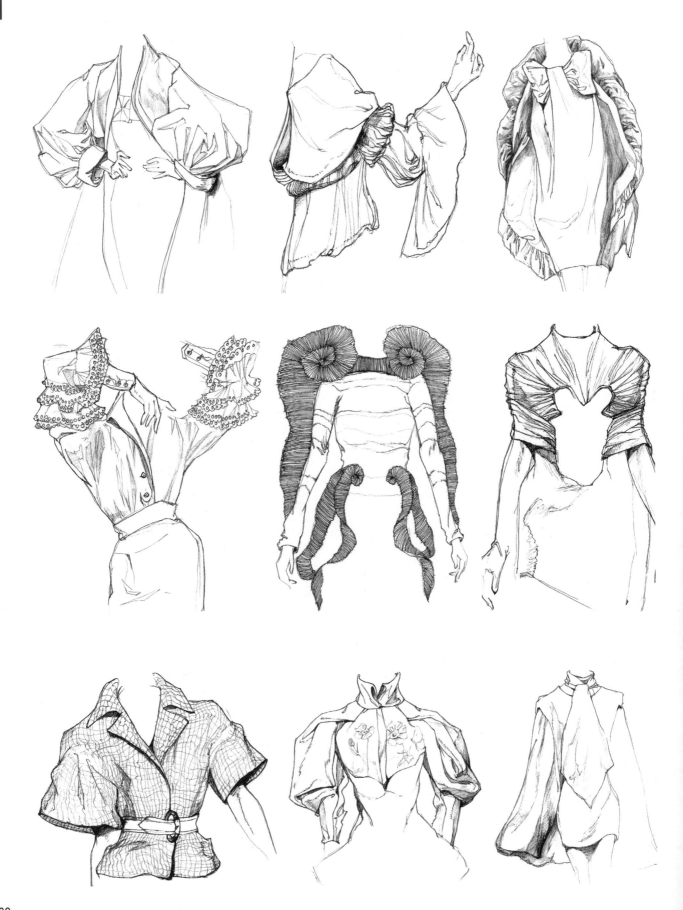

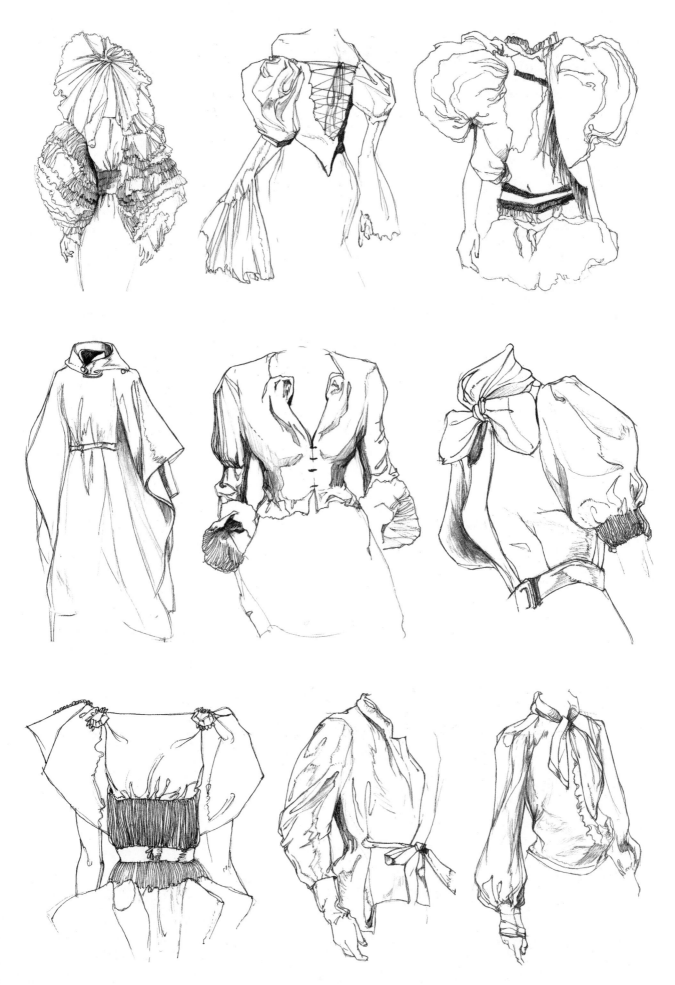

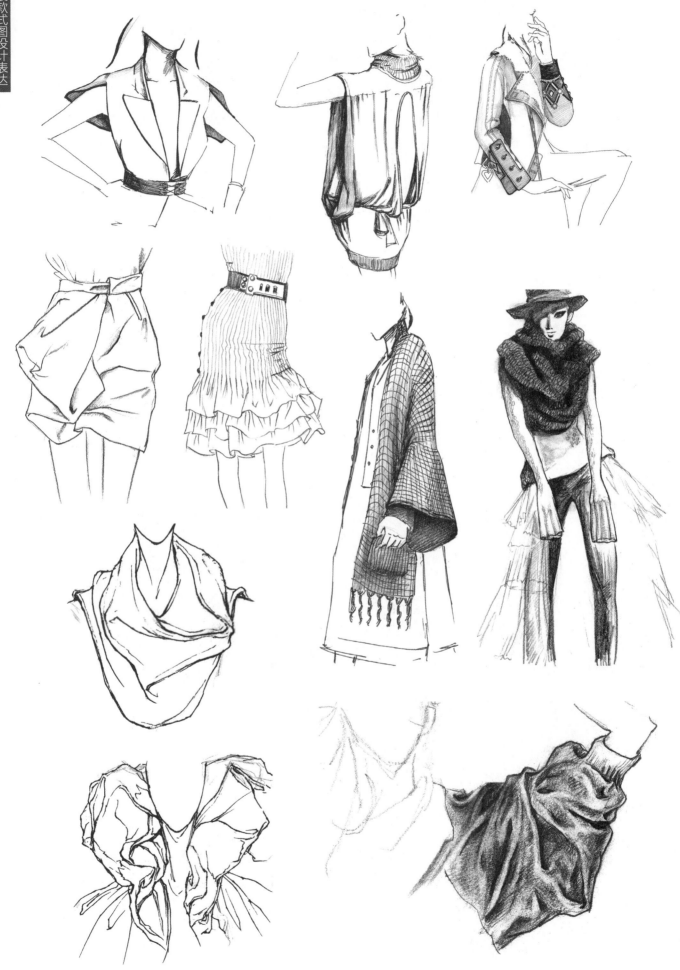

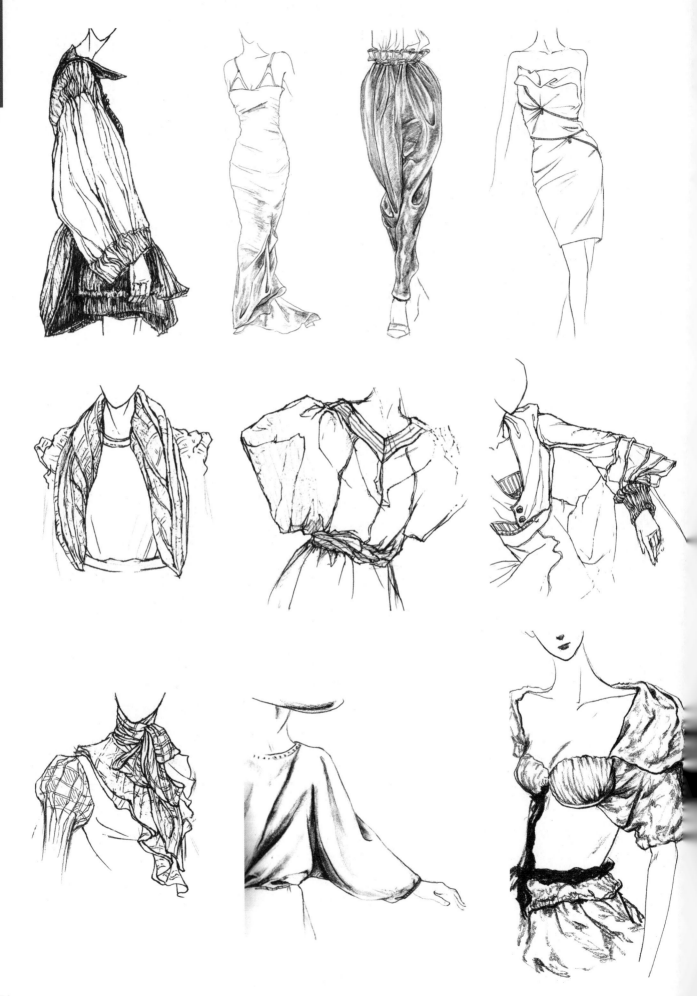

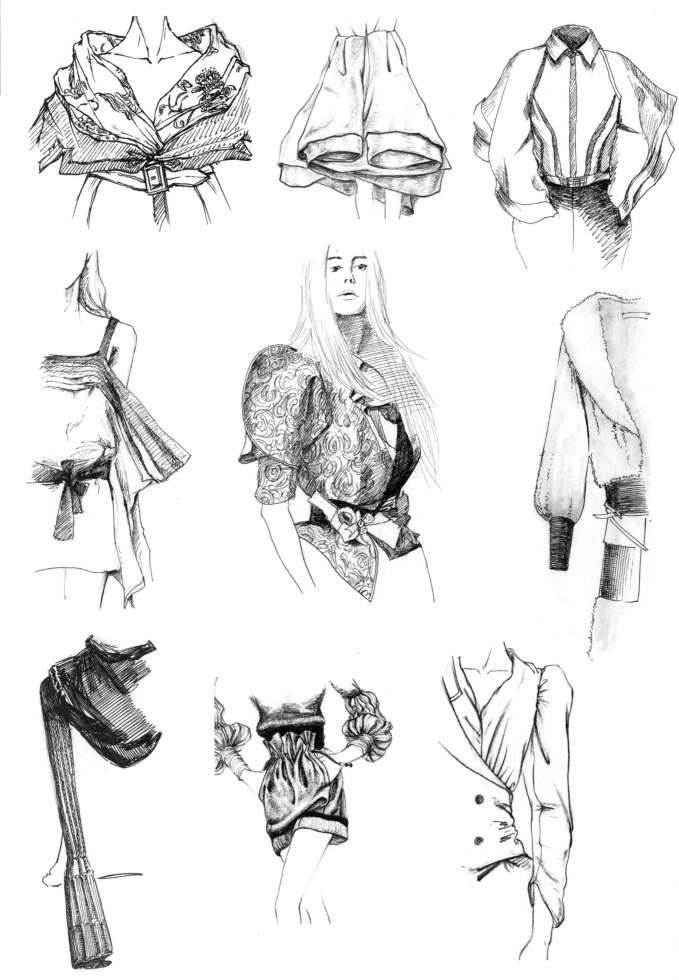